达尔文的战争

吴京平 ◎ 著

U0339572

湖南科学技术出版社

图书在版编目（CIP）数据

达尔文的战争 / 吴京平著 . —长沙：湖南科学技术出版社，2019.8
（科学盛宴丛书）
ISBN 978-7-5710-0261-9

Ⅰ . ①达… Ⅱ . ①吴… Ⅲ . ①达尔文学说 - 普及读物　②进化学说 - 普及读物

Ⅳ . ① Q111.2-49

中国版本图书馆 CIP 数据核字 (2019) 第 153883 号

湖南科学技术出版社获得本书中文简体版中国大陆独家出版发行权

DAERWEN DE ZHANZHENG
达尔文的战争

作者
吴京平

责任编辑
杨 波　李 蓓　吴 炜　孙桂均

出版发行
湖南科学技术出版社

社址
长沙市湘雅路 276 号
http://www.hnstp.com

湖南科学技术出版社
天猫旗舰店网址
http://hnkjcbs.tmall.com

邮购联系
本社直销科 0731-84375808

印刷
长沙市雅高彩印有限公司
（印装质量问题请直接与本厂联系）
厂址
长沙市开福区德雅路 1246 号
版次
2019 年 8 月第 1 版
印次
2019 年 8 月第 1 次印刷
开本
880mm×1230mm　1/32
印张
9.5
字数
160000
书号
ISBN 978-7-5710-0261-9
定价
58.00 元

● 目录 /

序言

　　1882 年 4 月 19 日，73 岁的查尔斯·罗伯特·达尔文在家中安祥地逝世。尽管达尔文本人并不信仰上帝，但是一周后，达尔文还是被安葬在伦敦威斯敏斯特大教堂，他的身边安息着另一位科学巨人，物理学的一代宗师牛顿。能在威斯敏斯特大教堂拥有一席之地，也算是对达尔文成就的最高评价。

　　达尔文和生物进化论是牢牢绑定在一起的，生物学课本绝对绕不开这个人。特别是在我国，大家都知道进化论。大家都对此习以为常了。但是深究起来，你对进化论又了解多少呢？以前我听到过一个笑话：

　　母亲带着孩子去动物园游览。孩子问母亲，我们人类是不是猴子变来的呢？母亲不假思索地回答他：是的，没错，我们就是由猴子进化来的。孩子非常吃惊，原来是这样啊，难怪猴子成了濒危动物！

　　我不知道人们要把"人是由猴子变来的"这么一个粗糙的说法再重复多少次。实际上人类的祖先是猿类的一个分支，现在的灵长类与我们人类都是"表亲"关系。地球上的生命，或远或近都有亲缘关系，只要你愿意不断往前追溯。由此可见，尽管我们都认为进化论是对的（毕竟从小课本上就是这么教的）。我们或许不会遇到宗教传统的麻烦，但是国内对进化论的误解却非常地多。所以我觉得，很有必要重温一下有关进化论本身的起源，重新梳理一下进化论本身的进化历程。我们会发现，进化论本身的演化过程也是符合达尔文的自然选择学说的。自然选择理论本身就是从众多理论之中优选出来的。在达尔文去世后的一百多年里，自然选择理论在经历过一次次的挑战，不断地改进和升级以后，目前得到了生物学界广泛的支持。有了遗传学和基因科学的支撑，现在的进化论早已不是达尔文最初的那个版本了。很多人提到进化论还是眼睛盯着达尔文的最初版本，那么本书应该可以破除这种长久以来的刻板印象。

那么，我们为什么要了解进化论的演化历程呢？因为生物进化思想和自然选择理论不仅仅是生物学的一个整体性框架，也是我们观察复杂事物的一个独特切入点。什么是复杂事物呢？简而言之，就是参与的玩家特别多，内部呈现出 1+1 ≠ 2 的系统。亚当斯密观察到了一个现象，一个工人一天能做 20 根大头针就不错了。那么 18 个工人一天能做几根大头针呢？这似乎是个简单的算术题，20×18=360 嘛。实际上，这 18 个工人一天就可以生产 4800 根针，因为他们组成了流水线。这样的系统就是一个 1+1 ≠ 2 系统，集体并非个人的简单堆积。

生物进化论研究的是复杂环境下呈现出来的整体性的游戏规则。宏观层面上的规律是无法通过简单堆积来推导的。正是达尔文发现了被大自然的复杂性所隐藏的那个底层的游戏规则。既然演化规律是针对带有互动的复杂的系统。那么这个观察角度和思维方法也是可以移植到其他领域的。毕竟人类的社会也是非常复杂的。

说到此，还真的有人试图把生物学的理论移植到社会学领域。但是后果并不美妙。19世纪末兴起了一股"社会达尔文主义"的思潮。那是一个弱肉强食的时代，我们都了解晚清时代中国遭受的历史屈辱。所以中国人都知道一个道理："落后就要挨打。"殊不知这是典型的社会达尔文主义。20世纪初兴起过一阵子"优生学"，背后也是社会达尔文主义。这种理论与纳粹的种族理论有着千丝万缕的联系。所以第二次世界大战后，社会达尔文主义迅速被抛弃。大家都明白了，其实社会达尔文主义是对生物学领域"适者生存"的一种系统性误读，实在是有挂羊头卖狗肉之嫌，也辱没了达尔文的名声，"适者生存≠强者生存"。我希望本书能澄清一些在这方面的误解。

我的本职工作是科普网络主播，是"科学声音"联盟的成员，也是畅销书《柔软的宇宙》和《无中生有的世界》的作者。我大概是唯一的能把科学史当评书和单口相声来表达的音频自媒体人。这本书的大部分内容都来自于我的网络音频节目。我过去从来也没想到过，科普主播能成为一个独立的职业，自己能吃这碗饭。感谢这个分工如此细化，信息和媒体如此发达的年代。希望大家能跟我一起了解科学，爱上科学，你准备好了吗？

科学史评话　吴京平

2019年6月25日

第 1 章
科学革命前夜：博物学家还算老实

1654 年，即清顺治十一年。

这一年，未来的千古一帝康熙大帝刚刚出生。中国大地正在经历战火，各地反清起义层出不穷，朝廷招降郑成功也失败了。甘肃天水这一年还发生了大地震，天灾人祸不断。

东方不太平，西方也不安宁。乌克兰哥萨克领袖博格丹与俄罗斯沙皇签订了《佩列亚斯拉夫和约》，商请沙皇来统治。自此，东乌克兰（第聂伯河左岸）与俄罗斯帝国正式合并，开始了乌克兰和俄罗斯的结盟史。俄罗斯与乌克兰联盟长达三百年，直到苏联解体才分家。这一年，为了反对波兰天主教势力的扩张，俄国跟波兰还大打出手，爆发了战争。英国与荷兰也打得不亦乐乎，4 月 5 日，缔结《威斯敏斯特条约》，荷兰被迫承认英国的《航海法案》，第一次英荷战争结束。这一年法国国王路易十四在兰斯登基即位。他号称太阳王，是世界上在位最长的君主，长达 72 年。这一年，科学方面也有进展，德国的奥托做了一个著名的实验——马德堡半球实验，证明了大气压力的存在。

总之，这一年纷纷扰扰，发生的事儿很多。在孤悬海外的英伦三岛上，护国主克伦威尔远征爱尔兰。爱尔兰有一位乌雪大主教，这位大主教正在根据圣经来推断地球的年龄。像他这样想通过圣经来研究地球的人可不在少数。早在 8 世纪，有"英国历史之父"之称的历史学家比德就干过这事儿了，他考据得相当严谨。比德认为创世时刻是公元前 3952 年。17 世纪的法国宗教领袖斯卡利格则认为这个时间点是在公元前 3949 年，而鼎鼎大名的牛顿牛老爵爷则坚定地认为世上的一切始于公元前 4000 年。牛老爵爷倒是喜欢凑整。

就在 1654 年，乌雪大主教呕心沥血的著作《乌雪年历表》出版了。他推算出上帝造万物始于公元前 4004 年 10 月 23 日前夜。按照他的算法，地球只不过存在了 6000 多年。这帮神父到底是怎么计算上帝创造万物的时间呢？根据来自《创世记》，书里面写了，第一天先要有光（黑灯瞎火的不方便），上帝造了地球。第二天，造了空气和水（清气上升，浊气下降）。水聚在一处就是汪洋大海，旱地就是大陆。第三天，造了植物包括瓜果蔬菜。第四天，造了日月星辰，这才有太阳普照大地。第五天，造了飞禽走兽。第六天，造了人类。《彼得后书》里边写了"一日如千年，千年如一日"。这么一折算，上帝的一天就是人间的1000年，可不就是6000年嘛。后来，闹了大洪水，诺亚造了方舟，一大堆动物都挤到方舟上才得以幸免于难。没挤上来的就全淹死了，基督教就是这么解释自然界的。一直到当代还有一群"年轻地球论"的信奉者继续延续着乌雪大主教的思想。宗教思想的影响力是巨大的，哪怕到科学昌明的现代。

中世纪的基督教在西欧具有统治地位，13世纪教会权力达到了顶峰。对于教会这种庞大的集团来讲，钱不是万能的，但是没钱是万万不能的。教会的神父、主教都是职业的神职人员。没钱吃什么？喝什么？没钱怎么建造富丽堂皇的大教堂呢？好在中世纪的意大利非常富庶，热那亚、威尼斯都富得流油。地中海是海上贸易的必经之路。靠港口贸易，靠货物运输，意大利各个城邦搞得红红火火。凡是港口、贸易兴盛的地方往往金融业发达（至今这个规律也没变，纽约、新加坡、香港都是港口）。身处这样一个富庶的意大利，教皇当然也是富得流油。教会控制着人与神之间的沟通，自然有办法收钱。从6世纪开始收取"什一税"，也就是每人拿出自己收入的十分之一交税，你还好意思赖上帝的账吗？

经济来源稳定，教会的日子过得还算舒坦，可惜好景不长。罪魁祸首居然是哥伦布。正是他冒险穿越大西洋到达了美洲，开辟了新的航路。其他的航海家纷纷效仿，组团杀奔美洲。地理大发现时代来临，西班牙、葡萄牙、英国、荷兰崛起。人家不在地中海这个澡盆里打转转了，意大利开始走下坡路了。教皇的钱袋子瘪下去了，各个国家的君主们倒是富起来了。

屋漏偏逢连夜雨，1517 年教皇为了重修圣彼得大教堂，开始大肆发放赎罪券，购买者的灵魂可以上天堂。这时候马丁·路德站出来反对，你怎么还能一边卖"点卡"一边卖"道具"啊！这不公平！他贴了 95 条反对意见，搞出了宗教改革运动。过去天主教是不主张自己看圣经的，圣经全靠教士们手抄，从头到尾都是拉丁文，普通人也未必看得懂。但是古腾堡发明了印刷机，现在可以开足马力印刷了，硬件上已经具备了大规模印刷圣经的可能性。

马丁·路德主张每个人应该自己去阅读圣经。他是德国人，他首先翻译了德文版的圣经，不再是深奥的拉丁文，平民老百姓也能看懂，"软件"问题也被解决了。教皇大怒，这简直是要"开外挂"啊！他革除了马丁·路德的教籍。无奈人家马丁·路德拥趸众多，还全是"铁粉钢丝"。他们成立新教，反过来革除了教皇的教籍。人家不仅"开外挂"，人家还"开私服"了。老百姓自己阅读圣经，不需要通过神父、主教转手。于是，新教教徒们就过上了"没有中间商赚差价"的日子。

当然啦，"开私服"的还不止马丁·路德他们几个新教派。英国王后没生男孩，英王想离婚再娶。当时离婚还需要教廷的批准，教皇克莱蒙特七世就是不批准。于是，英王任命了坎特伯雷大主教。大主教直接给英王办了离婚手续。教皇大怒：尔等居然以下犯上。他又革除了英王的教籍。英王根本不理会教皇，自己成立英国国教，英王自任教主，英王也"开私服"了。

教会的势力渐渐地衰落下去了，尽管教会通过自身的一系列改革扭转了颓势，但是总也找不回过去的权威了。遥想当年，教皇格里高

图1 解剖学之父维萨留斯

利七世一个绝罚令，就弄得神圣罗马帝国的皇帝亨利四世身上仅仅裹着个破毛毯，赤脚在门外的雪地里跪了三天三夜，痛哭流涕祈求教皇的宽恕。如今还有那么大的权威吗？外部的各方诸侯搞不定也就罢了，内部的刺儿头也摆不平。1543年5月24日，一本刚印好的书被送到了一位处于弥留之际的老人手里，他的双目已经失明，看不见任何东西了。老人抱着刚印好的书，深深地吸了一口气，好好地闻了闻油墨的香气。仅仅一小时以后，他就平静地离开了这个世界。这位老人就像一只小小的蝴蝶，他轻轻地扇动了一下翅膀，却在不久以后掀起了一场巨大的风暴，他就是哥白尼。虽然哥白尼在《天体运行论》的扉页上谨慎地写上了献给教皇，但是他的行为简直是给教皇添堵。他隐晦地否定了教会钦定的托勒密地心说，生前就遭到教会的层层阻挠，坚决不让他发表，即便是思想开通的新教也不让他通过。随着这本书的影响越来越大，1616年，教会将《天体运行论》列为禁书。

就在《天体运行论》出版的时候，一位名叫维萨留斯的医生写了一本《论人体构造》，直接反对教会钦定的盖伦的学说。这又惹得教会勃然大怒，最后维萨留斯被判去耶路撒冷朝圣，维萨留斯死在了朝圣的路上。

那时候的教会各种麻烦不断，整天处于手忙脚乱的"打地鼠"状态。单纯的学术问题姑且睁只眼闭只眼，若是掺杂了政治因素，那就不得不严肃对待，特别是对布鲁诺这样的死硬分子。最后布鲁诺被烧死在了罗马的鲜花广场上。相比之下，后来者伽利略的待遇就好得多，起码没有性命之忧了。牛顿就更舒服，他一点儿也没受到教会的为难。毕竟教会的嗓门越来越小了，影响力大不如前。

天文学家和医学家总是给教会找麻烦，博物学家们还算老实。天文学算是理工科，博物学可算是文科。这个"Natural History"有人翻译成"自然史"，也有人提议翻译成"自然志"。我们习惯上翻译成"博物学"。博物学的宗旨是述而不作，职责就是对大自然做个忠实的记录。主要就是收集整理各种动物、植物和矿物，制作各种标本。这种学科跟集邮，古董收藏差不太多。在那个时代，地理和地质学也算是文科，因为它们的主要特点都是采集和收集整理。既然万事万物都是上帝他老人家造出来的，那么也就不会有什么背后的潜在规律，他老人家想怎么样就怎么样吧，用不着去发现背后的逻辑，也没有什么逻辑。

毫无章法地收集标本与做记录，并不能帮助人们更好地、更系统地认识自然界。简单粗糙地分成动物、植物也是远远不够的。需要分门别类地来给每个动物、植物建立户口本，为整个的动、植物和矿物建立一整套花名册。不然的话，你怎么能够知道谁是谁呢？植物、动物都难免会发生命名混乱的情况。

我国古代建立本草系统的时候，这种麻烦就没少碰到，同一种植物，各地名称不同。不同的植物，某些地方名字反倒是一样的。欧洲则更加麻烦，因为语言太多太杂。同一个植物一定会有英文名字、德文名字、法文名字、俄文名字……这简直是一笔糊涂账，远比我国这种单一文字地区麻烦得多。

但事情总要有人去做。既然博物学是给大自然建立户口档案，那么就必须不辞辛苦，必须耐得住寂寞。一点一滴地去积累，去记录。1660年，逐渐有一些有关植物分类的文章被发表出来了。但是人们并不知道这些文章到底是谁写的，因为作者都是匿名发表的。其中有一篇《剑桥郡的植物记录》，这是第一份郡记录。不用问想来是个英国人写的，那么是谁写的呢？他是谁？

1627年11月29日，一个男孩儿在英格兰艾塞克斯的布莱克诺特利出生了。他的父亲是一个铁匠，还是个业余草药专家，时常卖药给周围的人。这个男孩儿先是就读于布伦特里的学校，长大以后在剑桥的圣三一学院读书。他的名字叫约翰·雷。

1658年到1662年，他走遍了英国的大部分地区，采集了大量的标本并且记录了各种信息。1660年，他和一些朋友匿名发表了《剑桥郡的植物记录》，这是第一份郡记录。因为是匿名发表的，所以大部分人不知道这文章是谁写的。而且那时候的科学著作都是用拉丁文写的，而拉丁文可以算是那时候知识分子的通用语言。

1662年到1666年，约翰·雷和他以前的一个学生弗朗西斯·维路格比一起走遍了欧洲西部地区。他们走了好大一圈，一起采集了很多标本。他们尝试着将这一大堆标本进行分类。雷负责植物，维路格比负责动物。1672年维路格比不幸去世了。雷不得不一肩挑，动植物全都自己负责。

后来，雷搬回了老家，在那里对植物和动物进行了非常系统的调查。他出版了一系列关于分类和历史性的书。他的一些具有开拓性的著作有：《英格兰植物目录》(1670)、《植物新方法》(1682) 和《植物史》（共三卷，168～1704）。在《上帝在创造中显示的智慧》(1691) 一书中，雷讨论了生物对环境的自我适应问题。

约翰·雷的贡献很多。他有着一连串的"第一"和"最早"的名号。约翰·雷被正式认可为"英国植物学之父"。他最早明确了分类的重要性。

1. 发表了第一部系统的英国植物志；

2. 最早同时描述植物的属与种；

3. 最先认识到现代"物种"一词的通常用法并加以界定；

4. 引入第一个基于解剖学和生理学的动、植物分类系统；

5. 将开花植物分为单子叶植物和双子叶植物；

6. 第一个用"种"来做分类单位；

7. 首次列举出植物界一些重要的自然类群或者纲目；

8. 最早提出关于生物学"物种"本质的明确概念。

对自然界的观察可不像在实验室里那么方便、那么纯粹。物理实验、化学实验往往在短时间就能得出个结果。但是对于大自然的观察，可能要很长时间才能看到那么一点点的变化。约翰·雷付出了艰苦的努力，他能够获得"英国植物学之父"的名号不是浪得虚名，他是分类学的先驱者之一。

分类学其实发源很早，古希腊时期就已经有了开端。但是到了中世纪就已经停滞不前了。到了文艺复兴时期，很多研究草药的人也很关心各种各样的植物。但是他们更关心的是药性，分类并不重要。他们已经有了"属"和"种"的概念，但是混乱得一塌糊涂。不过那时候人类活动的地域都很小，周围野地里的花花草草能认个八九不离十，地里的庄稼能一眼认出来，那就够用了。对于这么一点植物，按照开头字母排一排也就够用了。

到了地理大发现的时代，人类的活动地域大大扩展。航海家们从新大陆带回许许多多的奇花异草，植物的数量极大地增加了，名称的混乱程度愈演愈烈。这还不是最致命的，当人们拿着新发明的显微镜到处观察时，天哪，这里还有这么多的微生物！真菌啦，地衣啦，苔藓啦，这些东西也引起了大家的关注。博物学家们彻底麻爪了。由于植物数量的急剧膨胀，博物学家们迫切需要一个好的命名系统。

图 2　一身拉普兰装束的林奈

约翰·雷逝世于 1705 年，两年后的 1707 年，两位对分类学做出巨大贡献的人物出生了，出生在法国的那位名叫布丰，出生在瑞典的那位则更加是大名鼎鼎，他就是"生物分类学之父"——林奈。林奈出生在北欧的瑞典。他的父亲是个牧师，同时还是个园艺师，很喜欢在家鼓捣花花草草。林奈从小就是在这种环境里面长大的。而且他的家乡号称"北欧的花园"，动、植物种类非常丰富。林奈从小就跟花花草草结缘，可以说是个"花痴"，对植物学特别痴迷。他收集了很多植物的标本。他经常会围着园艺师父亲问东问西的。他父亲也很有意思，他规定，问过的问题不能重复提问。这倒好，林奈不得不练出一个好记性。要么脑子好，要么记笔记，这都是日后深入学习的必备技能。

林奈是个标准的野孩子，他学习成绩很差，不断地被处罚。但是他的校长慧眼识才，让他管理自己的花园，还介绍了植物学家罗斯曼和他认识。在罗斯曼的启发下，林奈才开了窍。林奈开始如饥似渴地读书。从 1727 年起，林奈先后进入龙得大学和乌普萨拉大学学习。在大学期间，林奈非常系统地学习了博物学的知识和采集生物制作标本的方法。他总是一头扎在图书馆里查资料或者在植物园里观察植物。1732 年，林奈随一个探险队来到瑞典北部拉普兰地区进行野外考察。拉普兰地区地处北欧，有四分之三在北极圈以内，拉普兰每年 10 月进入冬季，一直要到第二年的 5 月才开春，整个冬季长达 8 个月。放眼望去，这里几乎全是森林、河流，冬季的拉普兰被皑皑的白雪覆盖，一望无际，就像世外仙境。

在这块方圆 7400 平方千米的荒凉地带，林奈发现了 100 多种新植物，收集了不少宝贵的资料。他把这些调查结果写在了《拉普兰植物志》中。1735 年，林奈周游了欧洲各国。他认识了不少著名的植物学家，也得到了瑞典国内所没有的一些植物标本。在国外的 3 年是林奈一生中最重要的时期，是他学术思想走向成熟的时期。

在 1600 年，人们知道了约 6000 种植物，而仅仅过去了 100 年，植物学家又发现了 1.2 万个新物种。到了 18 世纪，对生物物种进行科学的分类变得更加急迫。林奈发现，由于没有一个统一的命名法则，各国学者都按自己的一套工作方法命名植物，致使植物学研究困难重重。其困难主要表现在以下三个方面：

1. 命名上出现的同物异名、异物同名的混乱现象。比如土豆、马铃薯、洋山芋、荷兰薯、地蛋、薯仔、番仔薯……这些指的都是同一种植物，而且还没算上外国名字。土豆基本上可以算是名字最多的植物了。也有许多种植物共用一个名字，比如红木。红木现在囊括了二科、五属、八类、三十三种植物，一般人哪里搞得明白那么多东西啊。
2. 植物学名冗长。
3. 语言、文字上的隔阂。欧洲国家民族众多，文字非常多样，各地风俗习惯差距又很大，不同的语言叫法不一，加剧了名字的混乱程度。

林奈已经受不了这种状况了，是可忍，孰不可忍。林奈在乌普萨拉大学期间，发现花的花粉囊和雌蕊可以被作为植物分类的基础。那时候他就已经有了植物分类的基本思路。林奈的《自然系统》这本书就是在1735年出版的。在这本书里，林奈首次系统地提出了以植物的生殖器官进行分类的方法。说到底还是跟林奈是个"花痴"有关系，他对花朵研究得很深。美丽的花朵，其实都是植物的生殖器官。不仅仅是植物，动物也是这样。"哺乳动物"这名字怎么来的？也和生殖有关系。

林奈觉得，要想让一门学问成为科学，那么首先你就要能够明确地描述东西。最起码你要有一套能够给物种命名的方法。名字要规范化，术语也要规范化，模糊的东西要明确，这是基础的基础。于是他首创了双名制命名法。

林奈的命名法，首先就规定了要使用拉丁语。不管哪国人，都要用拉丁语来命名生物。当时拉丁语只是少数知识分子或者高层人士在使用，普罗大众都是用本民族的语言。拉丁文基本上成了书面语，很少做口头表达。到了20世纪，干脆成了死语言，日常中没人再使用了。但是死语言有死语言的好处，死语言因为没人使用，词义和语法都不会再变化了。中文是活语言，比如说"奇葩"这个词，过去是褒义词，现在已经变成贬义词了，死语言恰恰不会有词义随着时间推移而变化的情况。到现在，拉丁文还是生物命名的标准语言。

林奈的命名法分为前后两部分。前面是属名，后面是种名。属名一般是名词，种名往往是描述这个植物的特征，因此一般是形容词。最后加上命名者的名字或者缩写。你要是发现一个新物种，把自己的名字放在物种的命名里面，那也是一种荣誉。反过来讲，你要是搞错了，大家也都知道是你搞错的，你要承担责任的。林奈还怕人起名字又臭又长，规定每一部分不超过 12 个字母，太长了不便于使用。从此博物学实现了"书同文"，双名制被各国所接受，植物王国的混乱局面也被他梳理得井井有条。林奈是植物分类学的奠基人。

我们人类，林奈称为智人"Homo sapiens"，有意识的人。光有名字还不够啊。商鞅帮助秦国建立了等级森严的军功爵制度，林奈也建立了一套分类体系。林奈依雄蕊和雌蕊的类型、大小、数量及相互排列等特征，将植物分为 24 纲、116 目、1000 多个属和 10 000 多个种。纲 (Class)、目 (Order)、属 (Genus)、种 (Species) 的分类概念是林奈的首创。

林奈的最大功绩是把前人关于动、植物的全部知识系统化。他创造性地提出的双名制命名法，可以说达到了"无所不包"的程度，被人们称为万有分类法，这一伟大成就使林奈成为 18 世纪最杰出的科学家之一。

林奈的名气非常大。1986 年，瑞典国家银行推出新款 100 克朗纸币，上面印有林奈的肖像。可见瑞典人为林奈而自豪。相比之下，法国人布丰就显得没那么大的名气了，大家对他的关注也很少。在林奈的眼里，生物们就是一个个的名字，一个个的分类。但是布丰却看出了这一个个的物种背后的东西。布丰看出了什么呢？

听一听　　　听一听

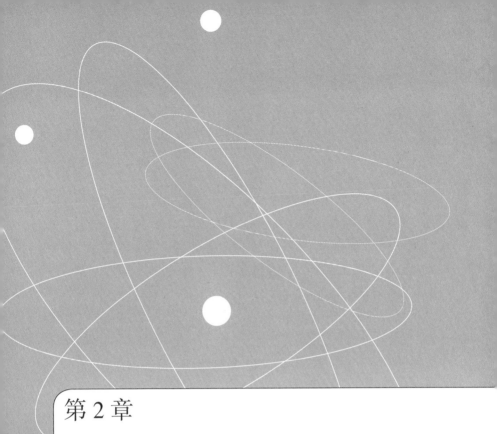

第 2 章

灾变论：地球曾经被删档吗？

布丰跟林奈都是在1707年出生的。林奈出生在北欧的瑞典，布丰则是出生在法国。这一年牛顿已经64岁了，正在担任皇家造币厂的厂长，而且他担任皇家学会主席也已经有一阵子了。也就是说，林奈和布丰基本上跟牛顿是前后脚，都生活在自然科学开始不断发展和壮大的时代。林奈是个非常虔诚的教徒。他虽然成就很大，影响也很大，但是他不是哥白尼那样的人物。他只是在宗教的框架之内来考虑问题，采集各种标本，给各种各样的动、植物起名字，然后分门别类地编写户口本。动植物分类显然跟宗教没什么冲突。在教会看来，这属于人畜无害的知识。每个动物，每个植物，冥冥中自有它们各自的位置。这显然是当年上帝安排设定好的。原来上帝创造各种各样的物种不是随心所欲的，而是有组织有计划，分门别类地来造物的。林奈正好偷窥到了上帝的意图。既然如此，林奈认为每个物种都是亘古不变的。

图3　法国科学家布丰

林奈有这样的想法，其实不奇怪。他父亲就是个牧师。不可否认的，家庭浓厚的宗教气氛还是对林奈产生了巨大的影响。瑞典地处北欧，本来就不是欧洲大陆的中心地带。林奈能从一个穷牧师的家庭环境中脱颖而出，已经是非常励志的传奇故事了。随着林奈的名气越来越大，门生故旧越来越多，他的地位也越来越高了。林奈1761年成为瑞典贵族院的议员。他还被册封为贵族，名字里面添加了一个"冯"，叫作卡尔·冯·林奈。他可以说是穷小子逆袭成功的光辉典范。

布丰可就不一样了，他是在法国有钱有地位的人家出生的。从小生活条件就特别优越。他父亲本杰明·勒克莱尔是第戎和蒙巴尔的领主。他从小在耶稣会读书，学习法律。耶稣会可不简单，利玛窦、汤若望、南怀仁、郎世宁、蒋友仁……他们都是耶稣会的成员。他们都是有过良好的自然科学的教育。布丰出生的年代，郎世宁还是个19岁的小伙子。这群传教士把西方的一些知识带到了东方，也把东方的知识带回了西方。传教士寄回西方的通信引起了一批启蒙思想家的注意，其中就有著名的伏尔泰。伏尔泰和布丰的渊源颇深。

布丰在法律方面表现一般，1728年布丰上了大学，学习数学。当然，医学、植物学之类的学科他也学过。1730年他因为年轻气盛，参与了一场决斗，不得不离开了学校。好在家里有钱，不上学也可以四处游历，去欧洲各地走走。转来转去，布丰去了海峡对岸的英国。伏尔泰也去过英国，他因为写诗影射宫廷，在巴士底狱被关了一年，之后被驱逐出了法国。

伏尔泰大概是1726～1728年待在英国。牛顿牛老爵爷是1727年去世的。所以，伏尔泰恰好赶上了牛顿牛老爵爷的葬礼，他看见社会名流争先恐后地为牛顿扶灵。伏尔泰感叹啊，"英国人走进威斯敏斯特大教堂瞻仰的不是历代君王，而是国家为感谢那些为国增光的最伟大人物建立的纪念碑，这便是英国人民对于才能的尊敬"。后来伏尔泰回了法国就开始大力弘扬牛顿的伟大，包括那个苹果砸中牛顿的故事，这都是伏尔泰从牛顿亲戚那儿深入挖掘出来的。说来也有趣，牛顿是搞物理的。后来威斯敏斯特教堂的牛顿墓的斜对面，又埋了一位与他比肩而立的伟大人物，他是搞生物学的。这是后话，此处按下不表。

布丰来到英国的时候，牛顿去世也没有几年。他也很崇拜牛顿牛老爵爷，他还把一本牛顿的微积分著作翻译成了法文。（顺便一提，牛顿的那一本《自然哲学的数学原理》是谁翻译成法文的呢？那是伏尔泰的情人夏特莱侯爵夫人。人家风花雪月也不耽误科学研究啊！）

布丰在英国期间，掌握了英文，也掌握了科学研究的方法和思路。他特别佩服牛顿严谨的逻辑。物理学遵循的是公理演绎法，从几个最基本的假设开始，一层层地构建起严密的物理学大厦，一切都是建立在数学基础之上的。这对他的思想影响很大。后来布丰的母亲去世，他赶回了法国，不久在巴黎认识了伏尔泰，两人相谈甚欢。他们都是那个时代的启蒙学者。那一代启蒙学者思想上继承的是培根、哥白尼、伽利略、笛卡尔等人的传统，牛顿和莱布尼茨的思想对他们也有很大的影响。他们开始建立非宗教化的知识体系。他们清晰地意识到，自然界的很多东西与神无关。

后来布丰转向了植物学，27岁的时候进了法兰西科学院。32岁的时候，他得了个好差事，当上了皇家植物园的管理员。这个皇家植物园，过去是御花园。他把这个花园变成研究中心兼博物馆，而花园面积大大扩展，里面的植物品种也大大增加。这座植物园成了一个高水平的研究中心。

不过布丰只是冬天在巴黎过冬。夏天他会回自己的老家，他在那儿还有一座庄园。他自己家也变成了一个大植物园。他生活很规律，早上6点就起床了。每天认真工作，中间极少中断。这种生活模式一坚持就是50年。他家的庄园大门敞开，你要想参观的话，会有仆人陪着给你讲解。但是布丰不见客人，布丰正忙着呢。他开始写作一部大部头的作品叫《自然史》。原本也没想写太多，不想一动笔就刹不住闸，大半辈子都搭进去了，生前出版了36卷，死后出版了8卷。

《自然史》是一部包罗万象的博物志，包括地球史、人类史、动物史、鸟类史和矿物史等几大部分，综合了大批量的材料，对自然界作了精确、详细、科学的描述和解释，提出许多有价值的见解。布丰的一大特点是排除了神学的干扰。他显然不同意地球的寿命只有6000年的说法。他认为，行星应该是大彗星撞击了太阳以后溅出来的。现在看来他这个想法当然不靠谱，但是起码他不再需要上帝来创造天体了。

他还预计，要是地球是从太阳里面撞出来的，那么必定一开始是非常热的。地球假如是一大坨烧红的铁，凉下来需要多少年呢？恐怕几万年、几十万年都不止，怎么会只有可怜的6000年呢？不过，布丰写得很隐晦，好多话并没明说，就是为了不让教会找他麻烦。但是他还是没躲过去，被叫到索邦神学院去训了一顿，叫他放弃歪理邪说。他后来写作更加谨慎，但是并没有放弃他的学说。他私下透露，只要把《自然史》这部书里面的"上帝"换成"自然"就行了，其他一个字都不用改。现在早已经不是布鲁诺、伽利略的时代了。布丰并不担忧什么。但是，如果把"上帝"替换成"自然"可以减少不必要的骚扰，他倒是也乐于这么做。

布丰底子上仍然是个文科生。他虽然受到过科学方面的教育，但是他思考问题的办法更多的是用哲学思维而不是科学思维。所以他的书里面错误不少，很多地方不那么严谨。但是他文笔非常优美，可以说是启蒙时代重要的文学家。布丰也是那个时代非常出色的科普作家。他的文章不仅仅面对学术界，也面对公众。有关动植物的知识，大家都能看得懂，因为它们不像数学、物理那样充满了公式和图表。

那个时代的博物学家普遍都有不错的文笔，动植物的科普文章也能满足某种生活情调，新兴的资产阶级正崛起为一股新的社会力量，他们喜欢这种口味，布丰深谙此道。即便是现在看来，布丰的很多文章也写得优美生动。在他笔下，小松鼠驯良可爱，大象温和憨厚，鸽子夫妇相亲相爱。布丰还往往把动物拟人化，赋予它们以某种人格。马像英勇忠烈的战士，狗是忠心耿耿的义仆，啄木鸟像苦工一样辛勤劳动，海狸和平共处、毫无争斗，他还把狼比喻为凶残而又怯懦、"浑身一无是处"的暴君。布丰《自然史》的某些片段已经被选入了我国某些版本的语文课本里。

布丰对林奈的分类学并不是太满意。他认为，林奈的分类学是没有基础的。道理很简单，门、纲、目、科、属、种，这些分类，都有客观的分类依据吗？其实这些分类只是人类主观的判断。西红柿到底算蔬菜还是水果啊？无论你怎么分，其实都是人依照自己的某种标准做出的选择。这种标准就很难说一定有道理。60分及格，59分补考。60分跟59分又能差多少呢？及格线的划分有什么明确的道理吗？显然没有嘛。

动植物并不需要依靠分类学才能存在，分类不过是人类为了自己的方便，往动植物身上贴的标签罢了。在布丰的眼里，自然过程总是一步步发生的，很多事物并不存在明确的分界线。布丰开始考虑物种的内在模式问题。这些物种到底是怎么来的？他也开始思考生物的演变问题。那个时代，"机械决定论"正在流行。布丰觉得生物也应该是像物理学那样，是能够严格地推导出来的。生命和宇宙一样是遵循同一套运行规律的。

布丰已经观察到了一些过去未曾注意的现象，比如说"退化"。有些动物身上的器官，一点儿用也没有，干脆是个累赘。动物都是完美的吗？显然不是。引导他形成演化观点的主要是两类事实：一是化石材料，古代生物和现代生物有明显区别；二是退化的器官，例如，猪的侧趾虽已失去了功能，但内部的骨骼仍是完整的。因此，他认为有些物种是退化出来的。他的观点被教会给骂了一顿，物种怎么能变呢？教会当然是一晃脑袋不承认的。

1777 年，法国政府在皇家植物园里给布丰建立了一座铜像，座上用拉丁文写着："献给和大自然一样伟大的天才"。这是布丰生前获得的最高荣誉。在他的眼里，宇宙里没有上帝的位置，宇宙的主人不是上帝而是人。人是自然界的中心，决定他周围的一切。

布丰死于 1788 年，这一年是大革命风暴来袭的一年。这年 7 月 13 日，鸡蛋大小的冰雹连续袭击着农田，造成大量土地颗粒无收。同年冬天，法国处于严寒状态。1788 年穷人家庭的一半收入都花费在面包上，1789 年则达到 80%。1789 年 7 月 14 日，大革命爆发，巴士底狱被攻陷。因为布丰是贵族，他的墓和墓碑都被革命者毁坏了。但是布丰的思想仍然鼓舞着人们去探究自然界的奥秘。很多年轻的后辈都受他的影响走上了这条道路，其中就有他的两位法国同胞居维叶和拉马克，还引得拿破仑专门为此组织了特种部队。这到底是怎么回事儿呢？说来话长了。

1787 年，在北美的新泽西，从地下挖出了一个巨大的骨头。在一条河的岸边，泥土被水冲刷，露出了半截骨头。在当时，谁也不知道这块骨头到底是什么。有好事者就把它挖出来，给了美国的一位解剖学家。解剖学家毫无疑问天天跟骨头打交道。也许他认识这个东西。那位解剖学家当时没太在意。后来他在费城的一次哲学会议上顺嘴说了说这根大骨头。他说那玩意儿真大。然后就谈别的了。后来这根骨头就不知道哪儿去了，估计是弄丢了。

这块大骨头运气实在是不好，否则也不至于弄丢。美国人那时候正为大骨头疯狂呢！为啥呢？因为法国的那位布丰太不拿新大陆当回事儿了。布丰本来写书就不算太严谨，而且玩了一把欧洲中心主义，把美国人给惹怒了。他说美洲的生物都比别处低一等，美洲这块土地乃是化外之地，水源发臭，五谷不生，动物都长得瘦小枯干，到处是腐烂的沼泽，太阳一晒，冒出毒气，就连当地土著印第安人都长得其貌不扬，而且生殖能力低下，不长胡子，身上也没有毛……

总之，布丰写的这些都是道听途说的消息。但是，那时候欧洲大陆普遍都相信这种说法。好多人都秉持这种观点。布丰的资料多半来自于加拿大。布丰的原意是想说，你看，美洲那地方气候寒冷潮湿，动物就会发生退化，体型都变小了。物种不是一成不变的，是会变化的。他这么说不要紧，可把美国人气疯了。美国很著名的托马斯·杰斐逊在自己的《弗吉利亚纪事》里面气愤地反驳这些不靠谱的观点。他写信给朋友，让他带上 20 个兵，去打两头麋鹿回来。要个头大的，一定专挑鹿角大的那种打。他朋友真去打了两头麋鹿，但是鹿角不够大。他们另外搭了一对驼鹿的角，反正法国人也不知道。他们还真给布丰寄过去了。法国那时候正乱着呢，谁管得了这些乱七八糟的骨头啊，后来也就没人注意这档子事儿了。

所以，那时候的美国人，对于大号的动物特别感兴趣。所以，那根大骨头丢了就显得有些奇怪。那位解剖学家实在是太不上心了，要是他稍微注意点儿的话，他就会提前 50 年发现在遥远的古代，世界上还存在着一大类统治性的家伙叫作"恐龙"。

1796 年 7 月，托马斯·杰斐逊收到了斯图尔特上校送来的几个化石，那是工人们在弗吉尼亚的一个山洞挖掘硝石的时候发现的。骨头倒是挖出来一大堆，他们一顿乱拼，整个骨架相当地怪异，三个大爪子倒是很明显。他后来在费城的哲学会议上宣读了一份论文，称这个化石为"巨爪"。它比狮子、老虎的爪子还要大三倍，显然不是布丰所说的"退化的动物"。你看，杰斐逊的民族自豪感还挺强烈。在此以前，美国在纽约和肯塔基已经发掘出了古代大象的化石，明显比现在的大象要大好几圈。这说明美洲的动物并不低人一等。

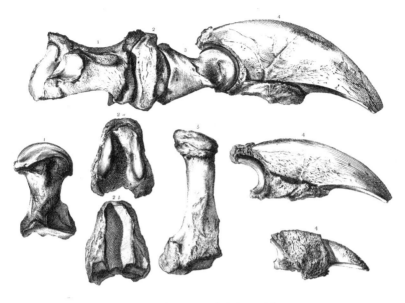

图 4　杰斐逊总统收藏过的"巨爪"

　　杰斐逊后来当了总统，出于对美国蛮荒西部的想象，他还派人去西部寻找大型的野兽，他们找到了 200 多种动物，就是没找到杰斐逊想找的巨型猛犸和"巨爪"。它们都在哪儿呢？为什么就找不到这些动物呢？作为一个业余的博物学爱好者，杰斐逊当然不会想到物种居然会灭绝，难道上帝吃饱了撑的没事干，做这种安排？

　　不仅仅是北美洲，南美洲也发现了大型动物的化石。很多化石都辗转送往欧洲大陆落到了一位法国博物学界冉冉升起的新星——居维叶手里。要说这位居维叶，从小就是一位神童，幼年就博闻强记，4岁就能读书，14 岁就进入斯图加特大学了。他是从小看着布丰的《自然史》长大的，最喜欢看书里面的插图。后来法国大革命爆发，他的资助人没钱了，因此他也不得不自谋生路。他就到法国诺曼底的一个贵族家里当家教。诺曼底靠近海边，他就利用这个机会开始养殖水生动物，开始了博物学的研究。后来，他经人推荐来到巴黎，进了巴黎的自然历史博物馆。这个巴黎的自然博物馆，那就是过去的御花园，布丰把他变成了皇家植物园和研究所。大革命以后，这里被改造成了自然历史博物馆。现在这个博物馆陈列了大量的生物化石，还附带了植物园和动物园，是个非常庞大的科学机构。但是在当年，它还没这么庞大。

图 5　法国国家自然历史博物馆

居维叶一到巴黎就崭露头角。那时候他才二十几岁。他有个绝活，看到化石的残片就能猜出这是什么动物。因为他发现，动物的身体并不是乱长的。人家是个活物，要跑要跳，要捕猎要觅食。假如身体不协调，那能行吗？居维叶就有这样的本事。发现个偶蹄目动物的脚印，他就能断定这个动物会反刍。牛不就是这样吗？他刚提出这套理论的时候，大家不信，于是他当众表演。在巴黎郊外古生物化石遗址里面任意取一块化石来，他当场判断，这块骨头应该是一种叫负鼠的动物。大家后来去挖，果然挖出来的是一个负鼠的化石。这个物种就被命名为"居维叶负鼠"。

他在巴黎教了不少的学生。学生们也爱恶作剧。他们拿动物的标本拼了个怪兽来吓唬居维叶。居维叶正在睡午觉，迷迷糊糊之间，还真被吓了一跳。睁眼仔细一看，居维叶差点儿气乐了。学生们看没能吓住老师，都跑出来问他为什么不害怕？他说看到怪兽头上有犄角，脚上有蹄子，那就说明是吃草的。那有啥好怕的呢！这叫"器官相关法则"。器官相关法则认为动物的身体是一个统一的整体，身体各部分结构都有相应的联系。如

图6　法国博物学家居维叶

牛羊等反刍动物就要有磨碎粗糙植物纤维的牙齿。光有牙齿不行，还需要有相应的咀嚼肌、上下颌骨和关节。光有嘴巴也不行，还需要相应的消化道，肠胃也要适应反刍。吃草的也要保护自己，那就会头上长犄角，要善于奔跑，肯定有蹄子；吃肉的老虎、狮子也是一样的道理，肯定有爪子和尖牙嘛。

居维叶给学生们上课之余，就跟一大堆的骨头干上了。一块巨大的骨头化石从美国运来，看上去应该是大象的头骨。从西伯利亚也运来不少大象的骨头。放在一起一对比，居维叶发现，两者差异很大，跟现代大象的骨头也大不一样。过去人们认为，大象就是大象。但是居维叶认为，大象分两种，一种是非洲象，另一种是亚洲象。它们并不是一回事儿，它们之间是有明显差异的。反正居维叶这么一干，动物种类立刻翻了一倍，一种动物变成两种了。至于那些古代化石，那差异就更大了。从西伯利亚运来的那些象，跟亚洲象有点相似，但是并非同一物种。从美洲运来的那些象，区别就更大了。西伯利亚运来

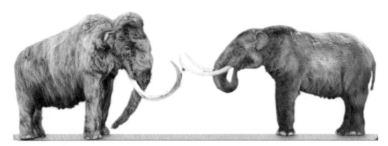

图 7　猛犸象 vs 乳齿象

的应该是一种长着长毛的大象，叫作猛犸象。俄罗斯那么冷的地方，怎么会有大象生活呢？反正现在是没有的。《圣经》上不是说过大洪水的事儿吗？对了！就是发大水的时候给冲过去的！

　　至于从美国来的那一堆的化石，居维叶发现，那根本就不是猛犸象，那是完全不同的种类，居维叶管它们叫"乳齿象"。1796 年，居维叶发表了一篇论文，叫《活着的象和变成化石的象》。这篇文章最重要的观点是"大灭绝"。居维叶认为发生过全球性的大灭绝。当然，居维叶还是秉持《圣经》中的宗教观点。他还是认为这事儿是造物主干的。造物主造出来一大堆的生物，时间长了看腻了，就把地球给"格式化"了，抹掉了一切，重新来过。但是造物主每次都不记得上次造了什么动物，只是模糊记得个轮廓，因此才会出现不同版本的大象。上一次做了个长毛象，这一次想不起来了，结果做了个短毛的，物种就出现差异了。圣经上记录的最近的一次 Format 地球的行为就是大洪水，这就是居维叶的"灾变论"。

　　居维叶还收到了一份素描图（那年头没有照片，博物学家都是素描的高手）。这份素描上画的化石是在南美的布宜诺斯艾利斯的河岸上新发现的。骨架运到了马德里，拼起来以后非常巨大。长 4 米，高 2 米。这是一种巨大的动物。居维叶立刻判断出来，这种动物跟南美丛林里的树懒很相似。没错，就是《疯狂动物城》里面的那种慢得叫人急死的树懒。只是这种巨大的动物比树懒放大了 1000 倍。居维叶将它命名为大地懒，其拉丁文学名的意思就是"巨大的野兽"。他起初以为，大地懒也会像今天的树懒一样爬到树上，后来一看这个体型，算了吧，这东西能爬树才怪呢。最后居维叶把大地懒复原为一种身躯粗大、四足行走、身披长毛的巨兽，偶尔还能用两条后腿支撑立起身子。杰斐逊总统收藏的"巨爪"其实就是大地懒的。今天看来，居维叶在 200 多年前对大地懒的复原基本靠谱，不服不行啊，太厉害了！

图 8　大地懒想象素描

　　居维叶年纪轻轻就创立了两门新的学科"古生物学"和"比较解剖学"。连后来的皇帝拿破仑都很器重他。拿破仑可是一位有深厚科学功底的皇帝，他还自己兼任法兰西科学院的主席，这也是绝无仅有的事了。他当年还没得势，远征埃及的时候，就带着一百来号的数学家、化学家、测量学家和博物学家到非洲溜达了一趟。可见，拿破仑对科学有着特殊的兴趣。他听说 1770 年的时候，荷兰的马斯特里赫特的圣彼得山上挖出了一块巨大的化石。这种骨头谁也没见过。嘴巴好大，下颌骨的长度就达到了 1.3 米。村子里的人请了一对父子来鉴定。这两位都是解剖学家。父亲觉得，旁边挖出来的都是海里的东西，想必这是一条古代鲸鱼的化石。儿子不同意，他觉得这东西看着像是一条大蜥蜴。那时候，谁也没见过这么大的蜥蜴，也没见过在海里游泳的蜥蜴。大家都在猜，是不是大洪水时期留下的玩意儿啊！

偏巧，挖出这一堆化石的地方是一位牧师的地盘儿。在他的地盘挖出来，就得归他管啊。他弄了个玻璃盒子，把化石存起来了。他说这是大洪水时期的东西。这消息不胫而走，没多久，连法国人都知道了。拿破仑就惦记上这堆化石了。那时候，拿破仑横扫欧洲，战无不胜，派大军来解放荷兰，其实就是奔着这一大堆的化石来的。一位将军带一支特种部队杀到马斯特里赫特。到了牧师家一看，玻璃盒子空空如也，化石不知道被藏到哪儿去了。将军一声令下，搜！重赏之下必有勇夫。悬赏 600 瓶葡萄酒，果然就把化石给搜出来了。法国人就把这一堆化石带回了巴黎，放到了居维叶的案头。居维叶很高兴，这是活生生的证据啊，恰好说明了他的"大灾变"理论是正确的，居维叶判断，这是一种大鳄鱼的骨头。居维叶的声望是如日中天。

现在我们知道，这块化石是一种叫作沧龙的古代生物。沧龙类并非恐龙，属于鳞龙类，鳞龙类是身上覆盖者重叠鳞片的爬行动物，沧龙最后跟恐龙一起灭绝了，居维叶当时搞错了。

图 9　沧龙想象图

一方面，居维叶的成就巨大，他学识广博，触觉敏锐，记忆力超凡，这些能力在需要知识积累的博物学上是个巨大的优势。他口才了得，上课口若悬河，在课堂上培育了一大帮粉丝。他文笔也很好，在头两年就发表了一系列的文章和几卷大部头的书籍，以后更是著作等身，多部著作成为标准的教材和工作手册，这进一步扩大他的影响力。除此之外，他善于交际，活动能力超强，在说服对手和寻求盟友上有着罕见的能力。在巴黎的科学圈，他能和各方面都搞好关系。居维叶的活动能力远不局限于博物馆以及科学圈，他和巴黎的各种精英分子，包括艺术家等都有广泛的联系，这些联系对他日后的声名有极大的帮助。

另一方面，居维叶的地位也跟拿破仑的赏识是分不开的。后来，居维叶还从政担任了政府的职务。拿破仑倒台以后，路易十八回来当国王，他依然受赏识，他有这个本事。当然，那时候不管统治者是谁，都对杰出的科学家有一份尊重。不过，居维叶同时代的另外一位博物学家，那可就坎坷多了，一辈子都活得比较憋屈。那么，他是谁呢？

听一听　　　听一听

第 3 章

物种到底会不会变？博物学家大辩论

1744 年 8 月 1 日，拉马克出生于法国的一个小贵族家庭中，他是父母 11 个子女中最小的一个，也是最受父母宠爱的一个。这孩子兴趣爱好广泛，看见什么都很喜欢。父亲希望孩子将来成为神职人员，就把他送进了耶稣会学院接受教育。拉马克发现自己对此完全不感兴趣，于是打了退堂鼓。拉马克在家是最小的一个孩子，好几个哥哥当了军人，所以他从小就对打仗很感兴趣，觉得将来当个将军多威风啊。拉马克十几岁的时候，正好是英法两国在打七年战争。于是他参了军，打仗还挺勇敢的，当上了小头目，军衔是个中尉。可惜光有热情是不够的，他的身体太弱，不得不退伍回家了。

回家以后，他百无聊赖，又喜欢上了天文学。那个年代，天文学也涌现出了一大批成果。许多天文学家、哲学家开始思考宇宙的问题，拉马克心向往之。可是光有兴趣是没有用的，天文学并不能带来实际的利益，人总是要吃饭的。而且拉马克已经长大成人，需要找个像样的工作了，于是他就在银行找了一份工作。

进了银行以后，拉马克开始设想自己要当金融家。银行业多有钱啊，出来进去的都是大亨。银行的板凳还没坐热，他实际的兴趣又变了，他喜欢上了音乐，开始练习小提琴，邻居在忍耐了一阵子他发出的噪音以后，发现他开始拉得越来越像个样子，拉马克又立志将来要当音乐家。音乐家哪有那么好当啊。他 6 岁的时候，巴赫刚去世。巴赫生前是个普普通通的教堂乐师，拿着一份并不丰厚的薪水。去世以后，作品被人发掘了出来，名声反倒火起来了，反正巴赫生前一点儿也没享受到。拉马克 12 岁的时候，莫扎特出生了。莫扎特时代，顶级音乐家能自己挣钱了，莫扎特就是那个时代最能挣钱的音乐家。可惜，莫扎特小两口花钱比挣钱还快，钱都不知道花哪儿去了，最后两个人过得穷困潦倒，年纪轻轻的就死了。拉马克搞音乐恐怕是很难跟这两位大师相比，就算是有点儿天分，恐怕也难出头。他的哥哥就劝他，别搞音乐了，还是来点儿实际的，学医吧。医生和律师都是有前途的职业，而且地位高。于是，拉马克老老实实地去医学院读了4年的书。读完了以后，他发现自己不喜欢医学。

这一来二去的，拉马克的岁数就大了。这都晃荡多少年了，拉马克也没什么成就，连自己往哪个方向发展都没能确定。1768年，机缘巧合之下，拉马克认识了一个人，这个人成为拉马克命运里面非常重要的一位导师。此人就是法国大革命时期人人崇拜的启蒙学者，法国著名的思想家、哲学家、教育学家、文学家——让·雅克·卢梭。

那时候，拉马克24岁，而卢梭已经56岁了。两个人是偶然在植物园里面遇到的。他们偶然聊天，发现越聊越投机。卢梭不愧是启蒙思想家，很快就看出了拉马克的问题。拉马克的问题是他精力不集中，朝三暮四，太不专注。卢梭就让拉马克到自己的研究室去工作。在卢梭的指点下，慢慢地拉马克就变了，变得能够专心致志地钻研一门学问，不再到处分散精力。拉马克受卢梭的影响，把主攻方向放在了博物学上。那时候

图10　法国著名的思想家、哲学家、教育学家、文学家——让·雅克·卢梭

很多启蒙学者都进行过科学方面的研究，卢梭也研究过博物学。

后来通过卢梭的关系，拉马克认识了布丰。布丰是御花园的管理员，拉马克算是在植物学方面有了自己最重要的领路人。他一头钻进了植物学里面，这一干就是十几年。1778年，他的一本大部头的著作《法国植物群落》问世了。布丰对这本书大加赞赏，他用公费替拉马

克出版了这本书，还向公众大力推介这本书，拉马克的名声很快就大起来了。凭借这本书，拉马克成了法兰西科学院院士。拉马克不善言辞，朋友也不多，但是有布丰的大力提携，拉马克当上了皇家植物园植物部的主管。皇家植物园在布丰的经营下，成了个庞大的研究机构。

布丰跟法国著名的化学家拉瓦锡有过节。1788 年，布丰去世了。拉瓦锡与拉马克两人关系也不好。因为拉马克算是布丰的嫡系。法国爆发大革命以后，布丰的墓都被人砸了，拉马克也就走了下坡路。在皇家植物园被改造成自然博物馆的过程中，拉马克也得不到好职位，本来是主管植物部的，后来被分配去搞无脊椎动物。他在这个位置上一直郁郁不得志。那时候居维叶风头正劲，他当时有好多头衔，法国的、欧洲的都有。他不光头衔多，实权也多。拿破仑自己兼任科学院的主席，但他又不能事必躬亲，下面的事务一大部分就要交给居维叶、傅立叶这几位来打理。居维叶是实权派，他还担任公共教育总监，也是有行政职务的。居维叶的名声远播到了孤悬大陆之外的英伦三岛，他在科学院开讲座，各路名流都来捧场，可以说是高朋满座。连英国的欧文都来听他的讲座。欧文也不是等闲之辈，后文中少不了此人出场。

总之，居维叶的朋友圈人数和粉丝数都很惊人，拉马克根本不能与之相提并论。1794 年，拉马克已经 50 岁了。当时自然历史博物馆要开设生物学讲座，其中最困难的讲座是"蠕虫和昆虫"。那时候大家不太看得上无脊椎动物，不就是一堆的虫子啦、史莱姆啦……实在是不够高级，大家都欺负拉马克，把他发配去搞这玩意儿。拉马克是无脊椎动物部门的主管，他硬着头皮也要上，经过一年的准备后，他开设了这个讲座。这次讲课为他在 1801 年写《无脊椎动物的分类系统》这本书打下了基础。脊椎动物与无脊椎动物这两个概念就是他提出来的。

拉马克把蠕虫和昆虫两类无脊椎动物分成 10 个纲，发现了它们构造和组织上的级次。拉马克还是非常有才能的。当时大家普遍有一个认识，自然界是有高等和低等之分的。博物学研究的范畴之内，矿物是不会动，也没生命的东西，自然是垫底的。植物有生命，但是不会动。动物顾名思义，有生命而且会动。这明显是有高低上下之分的。在神学家眼里，这个序列还不完整。应该加上人、天使、上帝。不光是大分类上有高低，动植物内部也分高低上下。脊椎动物显然就比较高等，无脊椎动物显然要低一

图 11　拉马克

头。同样，各种学科也有高低上下之分，是有一个完整的"学科鄙视链"的。要不，拉马克怎么会被人排挤到了边缘化的研究无脊椎动物的岗位上呢。

拉马克算是个大器晚成的学者，真正搞出研究成果的时候已经 50 岁了。拉马克比一般人要想得更多。动物和植物为什么有那样繁多的种类？不同种类的差别是怎样造成的？不同种之间有什么联系？人是怎样产生的？对于这些问题，神父们简单地用一句"上帝创造了一切"来回答。所有的动物、植物，还有人，都是万能的上帝创造的。至于种类繁多，也很容易解释：上帝创造万物时是用的手工制作方式，又不是用机器在一个模子里造出来的，怎么会没有区别呢？好像很有道理啊。

别忘了，在拉马克的时代，启蒙思想早已经生根发芽。启蒙思想家们普遍认为，万事万物哪有亘古不变的？拉马克深受卢梭和布丰的

影响。布丰就认为物种不是亘古不变的，他提出了物种"退化"的可能。但是布丰没有拉马克走得远，拉马克想法远比布丰要更深刻。到了 1809 年，他写了一本书，叫作《动物哲学》，在这本书里面，拉马克正式提出了"进化"的观点。

拉马克在当时能提出这样的观点，伟大二字是当之无愧的。在他的眼里，林奈他们搞出来的分类系统背后还有玄机。你要把这一切缘由都推给上帝的话，那简直是思想懒惰。这个背后的玄机就是进化。过去林奈他们搞分类，根本没有考虑到时间因素。就好比街上走过来一群人，林奈只会发现这位大哥长得和那个小朋友挺像的，应该排在一起，那个老头长得跟他俩也挺像的，也应该排在一起。他们为啥长得那么相似呢？林奈他们这些博物学家是述而不作。他们忠实地记录了这几个人的面相特征，然后搞搞分类，男的一堆，女的一堆。为什么相似？上帝就这么造的。博物学家们只管记录。拉马克可不满足于这些表面文章，他关注的是事物的内在联系。这一堆人，不会平白无故长得这么相似啊，一定有背后的原因。背后的原因是什么呢？拉马克恍然大悟，他们都是一家子。老头是爷爷，小娃娃是孙子，中间那个是父亲。这就是时间因素，年龄就是时间。

说得凝练一点儿，拉马克的思想最重要的就这么三条：

1. 物种会变化，不是一成不变的。变化的原因分为外因和内因。外因是环境逼迫，不变不行。内因是大家本能上就要力争上游，生物进化由低级到高级。
2. "用进废退"，多用就会变发达。拉马克偏爱长颈鹿。长颈鹿想吃树上的叶子，可是够不着啊，努力伸脖子伸腿，多练练，脖子就变长了，腿也变长了。
3. 后天变化会遗传给孩子。下一代继续伸脖子伸腿，子子孙孙无穷溃也，脖子一代一代不断地变长，就造就了长颈鹿这么奇怪的动物。成年长颈鹿有 6 米高，大概能达到 2 层楼的高度了。

这被称为拉马克主义，也叫拉马克进化论。对于拉马克的思想，居维叶是一百二十个看不上。他坚持他的大灭绝理论。上帝闲来无事，就把地球格式化了，物种大灭绝了。然后上帝再创造一批新的生物来消遣。但是他可没有大吵大嚷地去批判拉马克。他的办法更厉害，非常符合传播学的原理。居维叶开始动用自己的手腕和人脉，去打压拉马克的学说。他倒是没有大喊大叫地去反击拉马克的学说，相反，他一声不吭，黑不提白不提。说白了，他动用的手段叫"封

图 12　晚年的拉马克

杀"。拉马克不善言辞，说话不利索，这方面比居维叶差得远。但是拉马克能写啊，他专心在家里写文章、写书。可惜的是，拉马克写的所有的书和文章都很难发表出来，居维叶掌握着话语权。即便发表出来，也没人引用。

如今大家都知道，论文的影响力要看引用因子的。没人引用，你的文章就不会有几个人知道。可惜啊！拉马克辛辛苦苦写了那么多的东西，只能在自己家里藏着。拉马克还自怨自叹地烧掉了不少手稿，就像《红楼梦》里面的黛玉焚稿一般凄凉！他微薄的工资要养活一家十几口人，日子过得并不宽裕。拉马克没办法，时不时还要靠出售少许化石来补贴家用。那时候刚好博物学在社会上比较热门，很多有钱人、新兴资产阶级，都喜欢在家里面种些花花草草，收集些化石之类的东西，顺便养几条奇形怪状的宠物狗。所以卖化石多多少少还可以赚点儿钱。

拉马克的一生，可说是在贫穷与冷漠中度过的，尤其是晚年的境遇很凄凉。在病了好久之后，拉马克在 1829 年年底不幸去世了。去世以后，家里连一块长期的墓地都买不起，女儿就租了一块临时性墓地，只能埋葬五年，到期必须迁移。据说后来迁移到了公共墓地，那里恐怕就跟乱葬岗子差不多。所以拉马克的骸骨安放的具体地点就被人遗忘了。直到 1909 年，在人们纪念拉马克的名著《动物学哲学》出版 100 周年时，巴黎植物园向各界募捐，才算为拉马克建立了一块纪念碑。碑上镌刻着他女儿的话："我的父亲，后代将要羡慕您，他们将要替您报仇雪恨！"

拉马克去世了，但是他还有学生和师兄弟，圣伊莱尔就是其中的一位。圣伊莱尔出生在巴黎的科学世家之中，家族中有三位科学院院士，他是有家族传承的。圣伊莱尔自小就接受科学训练，他岁数不大就跟随一位科学院院士、矿物学家道本顿学习。道本顿很喜欢圣伊莱尔。道本顿来头不小，他原是布丰的助手，在 1744 年就已经是科学院院士，成为布丰的亲密战友，所以圣伊莱尔也可以算是布丰的嫡系了。在道本顿的大力支持下，加上大革命开始以后，革命政府崇尚年轻，愿意提拔新人，1793 年，年仅 21 岁的圣伊莱尔就成了新成立的自然博物馆 12 位教授之一，并当上了动物部的馆长。恐怕连圣伊莱尔自己都有点意外，因为圣伊莱尔是以矿物学成名的，动物学只能算是半路出家。此时的圣伊莱尔作为法国科学界的新星可算是福星高照。

居维叶那时候刚到巴黎，也还是个年轻的毛头小伙子，没地方住，就跟圣伊莱尔住在一起。闹了半天，居维叶跟圣伊莱尔是"睡在我上铺的兄弟"的关系。两人还挺投缘的，一起发表过论文，关系挺融洽的。

后来，圣伊莱尔跟着拿破仑远征埃及，居维叶没去，留在了巴

图 13　拿破仑远征埃及

黎。但是圣伊莱尔不走运，到了埃及没多久，眼睛就出问题了。拿破仑开始还打了一些胜仗，但是后来被英国海军的纳尔逊给堵在了中东。法国人海战惨败，海上退路被英国人给截断了。再后来，拿破仑知道法国国内的形势有变，于是就挑选了一小撮死党，暗地里迅速返回法国夺权去了，大部队就被扔在了埃及。圣伊莱尔跟着剩余的部队滞留在埃及，眼睛还差点儿瞎了，好不容易才保住了视力。

圣莱伊尔和居维叶两个人分开后，后来的道路大不相同。圣伊莱尔在埃及受罪的时候，居维叶在巴黎飞黄腾达了。等圣伊莱尔回到法国时，大家面子上还过得去。但是居维叶已经开始疏远圣伊莱尔了，一直到了1807年，圣伊莱尔才当上科学院院士。当年，圣伊莱尔年纪轻轻就迅速蹿红，现在时间一晃已经十几年过去了。他一直是原地踏步，憋了一肚子的不痛快。后来拿破仑打仗输了，路易十八回国当国王，居维叶照样是巍然屹立，尽管他在科学界的威望很高，但是毕竟是换了领导了，居维叶的权威下降了，圣伊莱尔也开始和居维叶越走越远。

圣伊莱尔研究的领域叫"比较解剖学"，就是从解剖的角度来观

图 14 圣莱伊尔画像

察动物结构的不同。居维叶恰好是这门学问的开创者。二人在比较解剖学领域有不同的看法。圣伊莱尔研究的是"同一功能",他认为动物的器官之所以有相似的地方,是因为它们有着相同或相近的功能。比如海豚和鲨鱼的体型就很相似,都是流线型的,它们都有同样的作用。但是居维叶认为,这仅仅是长得像罢了,本身并没有什么逻辑上的内在联系。圣伊莱尔可不这么认为。他认为,生物结构是具有同源性的。说白了,动物都是同一套模版造出来的。你看,脊椎动物都是四条腿吧,都是一个脑袋一个尾巴。各种脊椎动物都是在这个结构上拉拉扯扯做局部修改的。牛腿长,蜥蜴腿短,但是骨骼结构是一样的,无外乎这根骨头长一点,那根骨头短一点。拓扑结构并没有什么不同,改来改去都是同一套模版的衍生品。神话中的飞马是不可能存在的,因为脊椎动物都是四肢。飞马除了四个蹄子以外还有个翅膀,解剖结构上多出来两条肢体。死磕的话,飞马跟我们现在的脊椎动物是不同源的。你看游戏《魔兽世界》里面的坐骑驭风者,长得就比较合理,它也是四肢,翅膀其实是腿之间的皮膜。

居维叶一听圣伊莱尔的这套"同源学说",立刻就把眉头皱起来了。尽管圣伊莱尔没直说,但是话里话外已经透露出来了,他赞成拉马克的思想。所谓的"同源",就是"相同的来源",来源是什么?还不是爹妈那儿来的嘛,相同的来源可不就是相同的爹妈的意思嘛。现在的脊椎动物,都是四条腿一头一尾。为啥都是一个模版出来的呢?

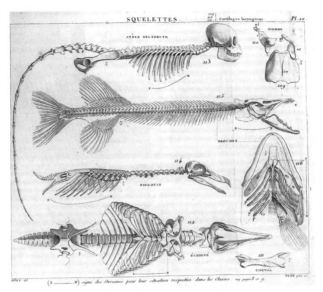

图 15　圣伊莱尔的手稿插图

因为它们都有共同的祖先！绕了半天，不就想说这个嘛！居维叶认为，他俩的理论是水火不相容的。其实我们站在现代人的角度去看。这两点其实一点儿都不矛盾，而且这两点正是比较解剖学要研究的地方。

圣伊莱尔也有不靠谱的地方。虽然他觉得物种是会慢慢变化的，不是一成不变的，但是，他觉得不是物种适应环境，而是物种选择环境。比如鱼，长了一身鳞片，没有腿，身体呈流线型，于是它们就主动往水里跑，是它们主动选择了它们最舒服的环境。正所谓"此处不留爷，自有留爷处，处处不留爷，爷去新大陆"，动物总是能找到最舒服的地方生存。现在看来，这种想法肯定是不对的，甚至有点儿搞笑。但是那个时代就是如此，大家都在做着各种各样的猜测。

到了 1820 年，圣伊莱尔发现，自己的理论可以和拉马克的进化学说结合起来。慢慢地，整个科学界也就知道了，有这么档子事儿。

居维叶心里非常不爽。一开始，圣伊莱尔的理论是针对脊椎动物的，在居维叶看来，不能说没有道理。而且当年俩人一个屋里住过，关系不错，那是睡在上铺的兄弟啊，说不定还分过烟抽，一口锅里盛饭吃，大家彼此容忍一下，也就过去了。可是圣伊莱尔越来越过分了，现在已经对居维叶理论的三大基石发起挑战了，那还了得？

就在这个时候，居维叶的权力也开始动摇了。何以见得呢？居维叶是法兰西科学院博物学这一边的掌门人。数学、物理那边的掌门人是达朗贝尔，后来换成了拉普拉斯，这都是居维叶的死党。两边互为犄角，相辅相成。傅里叶伙同阿拉戈、菲涅尔和安培公然挑战领导（这几位名字都很熟悉吧），后来菲尼尔提出波动光学理论，把拉普拉斯这一伙微粒派搞得哑口无言，用亮斑实验打了泊松的脸。拉普拉斯的权威也急剧下降。居维叶的盟友出问题了，他这边也跟着受了池鱼之殃。居维叶的弟弟想进法兰西科学院，居维叶居然没办成，活生生被人挤下去了。他弟弟也是博物学家，我们在动物园里面常常看到的"小熊猫"就是居维叶的弟弟发现并且命名的（小熊猫外号"九节狼"，称"红熊猫"也挺恰当，不是指大熊猫的幼崽）。

圣伊莱尔是怎么挑战居维叶的呢？居维叶把动物界分成四类：脊椎动物、软体动物、节肢动物及辐射状动物。圣伊莱尔推广了他的同源性想法。他认为虫子也是心、肝、脾、肺、肾五脏俱全的。因此虫子和大象都是同源的，都有同一个祖宗。他虽然没明说，但是大家都想得到，人类是不是也能包含进去呢？这可犯了居维叶的大忌了。你说人和虫子是同源的，居维叶差点儿被气死。他认为，这四个大的分类是根本性差别，是不可能同源的。

但是居维叶心里清楚，这事儿要低调处理。你名气大，对方名气不如你。圣伊莱尔急着找你开撕，你不能给他机会。但是人家圣伊莱尔会玩农村包围城市，他跟德国科学界关系不错，大批文章都是先在德国发表，然后再出口转内销，返回法国的。德国的大文豪歌德，早就提出过相似的理论。时间还在圣伊莱尔之前，他与圣伊莱尔不谋而合。人家歌德也有着一大堆的头衔，德国著名思想家、作家、科学家……，我们会发现，那时候什么人都来掺和一脚，学者往往身兼数职。你再深究下去，德国那边儿还有一位哲学大神康德也在往里掺和。居维叶想低调，别人不配合啊。

居维叶不是低调处理不回应吗？总有办法挤兑你不得不说话。现在，就差一个火星子把话题引爆了，由不得居维叶不开撕。圣伊莱尔要的就是居维叶跟他吵架辩论。只要居维叶一张嘴，目的就达到了。输赢倒是其次，圣伊莱尔知道，现在他需要安静地等待一个机会。这个机会还真来了。

这场论战的导火线是一篇 1829 年向法兰西科学院提交的报告，这篇论文的作者是两个无名之辈，大家都没注意他们两个叫什么，文献甚至都没有记录名字，只记录了他们的姓氏。因为这篇论文写得实在是不太靠谱，所以半年都没人回应。于是这二位就写信来问，那篇论文到底怎么样啊？你们是通过还是不通过呀？于是法兰西科学院就让圣伊莱尔和另外一个科学家去查一查这篇论文，看看他们到底写的怎么样，是成还是不成，总得给人个信儿对不对。

圣伊莱尔就好好地把这篇文章从头到尾看了一遍，顿时大喜过望！为什么呢？因为这篇文章写得太不靠谱了，但是圣伊莱尔知道越是这种荒腔走板儿的东西刺激性越强！请将不如激将，现在就要用激将法把居维叶给激出来。因为这篇东西刚好攻击了居维叶的动物分类理论，而且还弥补了自己过去理论中的一个空缺。

这下好了，圣伊莱尔显得非常高兴，这一高兴不要紧，他就开始添油加醋、夸大其词了。比如说原作者只是描述了乌贼的情况，但是圣伊莱尔说他准备了三千多种不同动物的图片当证据！然后圣伊莱尔就把这篇论文在整个博物学中的地位大大夸奖了一番，最后就在报告的后面，不点名地批评有人十几年来一直就阻碍生物学的发展。是个法国人都知道，圣伊莱尔指的就是居维叶。圣伊莱尔已经开始指桑骂槐、敲山震虎了，看你居维叶还做不做缩头乌龟。居维叶！你给我出来，别再当爬行动物啦！

圣伊莱尔动作太快，别人都还没来得及反应，他就把这篇报告给递交上去了。这篇论文的两位作者实在是没想到自己居然摊上这么大件事儿，他们只不过想扩大一点名气，将来能多申请点资金，哪知道就被圣伊莱尔添油加醋得给利用了。常在江湖飘，哪有不挨刀！后续的事态发展根本就不是他们两个所能控制的。这份论文原件是1829年提交的，圣伊莱尔的报告则是在1830年提交的。他一提交到科学院，果不其然把居维叶气得七窍生烟。居维叶勃然大怒，这篇论文简直是胡说八道，一点可取之处都没有。圣伊莱尔心里乐开了花！居维叶，你终于应战了，你个缩头乌龟终于伸出脑袋来了。居维叶的反应正中圣伊莱尔的下怀，人家要的就是你跳出来反驳。居维叶也知道，这样的一场论战肯定会让圣伊莱尔他们支持进化论的一方得逞，但是没办法，他实在憋不住了。居维叶答应下个礼拜自己将会提交一篇文章，专门反驳这篇报告。圣伊莱尔左等右等，等了十年，这场论战终于打响了。

当然，居维叶也有其他方面的考虑，他毕竟岁数大了，而且最近在政治方面、人气方面他的影响力也有所下降，在科学界的地位也受到了越来越多的挑战。他也愿意借此机会提升一下自己的人气。自己辉煌一生，到晚年了，总不能惨淡收场吧，总要有一个辉煌的结局。

图 16　法兰西科学院

　　2 月 22 日论战正式开始，居维叶公开宣读了他的论文，他首先攻击圣伊莱尔的同源性的定义。圣伊莱尔的定义模糊不清，很多情况下不过是要弄一个文字游戏。比如猴子的心脏和章鱼的心脏，因为它们都能够泵血，所以大家都称它们为"心脏"，这是出于称呼的方便，而不代表它们有任何的同源性。居维叶还是在否认同源性理论。如果章鱼的心脏不叫心脏，而叫另外一个名字，很可能圣伊莱尔就不认为它们是同源的了。接着居维叶拿出了自己的看家本领。他一条条的仔仔细细地给大家讲清楚，章鱼的器官和脊椎动物的器官无论在数量还是形态上都毫无相似之处。

　　居维叶辩才十分了得，而且他对动物结构的掌握远远超过圣伊莱尔。圣伊莱尔被驳得哑口无言不过圣伊莱尔也不笨，他才不会跟你当面吵架呢。他跟居维叶说，你在家憋了一个礼拜，放了一个大招，我也得回去憋一个礼拜。咱们搞个规则吧，一个礼拜一回，下个礼拜我反驳你，再下个礼拜，你反驳我。居维叶不怕啊，那就这么办吧。这场辩论就成了连续剧了，还是周更的。广大吃瓜群众搬着小板凳前排等着追剧啊！法兰西科学院的这一次大辩论，普通人是可以旁听的。本来嘛，双方都是为了扩大自己的影响。

到了下一个礼拜，圣伊莱尔就应战了，圣伊莱尔的口才和专业知识根本没法跟居维叶相比。所以他的策略就是打一枪换一个地方，他不断地转移话题，居维叶对细节的掌握无出其右。那好吧，咱不跟你玩具体细节，咱跟你玩哲学，咱高屋建瓴。于是圣伊莱尔就转向讨论哲学意义的层面。他说他的同源性定义不是基于表面的相似性，而是基于内在的实质性的相似性。什么叫"表面相似"？什么叫"实质相似"？这话说得很模糊。然后，他就开始打一枪换一个地方，他避而不谈软体动物了，话题七拐八弯地就转到谈人和动物的喉骨。圣伊莱尔指它们之间具有同源性……

居维叶一听，怎么说着说着"歪楼"了？圣伊莱尔的回答显然是忽悠，压根就是诡辩。圣伊莱尔知道自己是辩不过居维叶，他申请了休战，中场休息总行吧。3月8日，他说他病了，不出席了。圣伊莱尔打算在家憋两个星期，憋大招。到了3月15日，圣伊莱尔来了，居维叶没来，人家也在家憋大招。到了3月22日，双方都躲不开了，只有兵对兵将对将地直接交锋了。这一次，还真像个辩论的样子。

圣伊莱尔上次不是提到人和动物的喉骨吗？那好，居维叶这一次就从喉骨开始讲起，居维叶的功底真的很扎实。他一桩桩一件件地列举，人和各种动物的喉骨有什么区别，明摆着长得完全不是一回事儿嘛！哪来的同源性？轮到圣伊莱尔发言。圣伊莱尔承认，对于软体动物和喉骨方面，自己的研究还有欠缺，不如居维叶那么深入。但是将来，随着研究的深入，自己很有可能是对的。这话简直是废话。说着说着，圣伊莱尔又跑题了。他又开始讨论鱼类的同源性。这一次，大家也没讨论出什么结果来，但是大家都看到，居维叶跟铜墙铁壁一样。随便你不断变换招式，他总能斩钉截铁地给你挡回去，人家博物学功底真是深厚。

到了 3 月 29 日，两边都摩拳擦掌，准备大干一场。圣伊莱尔终于对喉骨问题作了正面回应。这一回他倒是没有跑题不着边儿。但是，他仍然一如既往地抛开具体细节而把问题引到哲学层面。他指责居维叶只是把眼光放到了结构的不同，而不知道被这个表面的不同而掩盖的本质的相似性。你看又开始扯"表面"还是"本质"这种哲学问题。圣伊莱尔说自己的同源学说虽然着眼点在相似性上，但是只有认识了这个相似性才能更深入地研究它们的不同，这种话也类似于车轱辘话来回说。到了 4 月 5 日，轮到居维叶发言了，居维叶没说别的，就是系统地把软体动物，人和动物的喉骨，还有鱼类详细地讲了一遍。这一遍等于是总结复习，没有新的东西。

这时候，法兰西科学院受不了了。为啥呢？因为每个礼拜，法兰西科学院都要被两边的粉丝堵得满满的。这两边的人吸粉能力都是超强的。居维叶在法国是名人，粉丝无数。圣伊莱尔在德国有不少朋友，朋友圈很厉害。双方都在吸粉。居维叶一直把焦点控制在细节上。对于各种各样生物的细节，他非常擅长。而且可以避免圣伊莱尔把话题扯到进化论上。把进化论扯进来是居维叶最不愿意看到的，这等于是变相为进化论扩大影响。圣伊莱尔的背后站着一帮子哲学大神。从歌德到康德，你跟这帮德国人讨论哲学，那不是关公面前耍大刀嘛！

圣伊莱尔的策略恰好相反，他巴不得事儿往哲学上引呢。圣伊莱尔靠的是游击战术，他时常变换目标，四面出击。他经常跑题不着边儿，然后牵着居维叶跟着他的思路走，话题扯开了，扯远了，才是他的目标。这样他在辩论里面就可以夹带私货，把进化思想给掺杂进去，扩大进化论的影响。但是，再热闹的戏也有落幕的时候。圣伊莱尔在 4 月 5 日提议，辩论结束。再辩论下去就没意思了，恐怕吃瓜群众们也看烦了。

这种学术论战多半不会有好的结果，因为双方早就确定了自己的立场，是不会轻易改变的。双方的目的都不是为了科学研究，而是在维护江湖地位。看到底是东风压倒西风，还是西方压倒东风。到最后，双方都在不断地重申自己的理论，对于对方的问题不予理睬，说白了就是"鸡同鸭讲"。出于见好就收的目的，圣伊莱尔叫停了这次辩论。不管怎么样，这一次大辩论的影响力是空前的。科学院的旁听门票都一票难求。这种盛况要到很多年以后勒威耶发现海王星的时候才会再次出现。

居维叶的粉丝里很多人只是普通的公众，当然，也有业内的同行。英国的欧文就是居维叶的大粉丝。后来的欧文承袭了居维叶衣钵。圣伊莱尔的粉丝多数是文化人，他的辩论文稿后来还在德国出版了。圣伊莱尔关心的是推广自己的学说，知名度越大越好，辩论胜负不重要。两边的粉丝都认为自己这边是赢家。这叫"一场辩论，各自表述"。

圣伊莱尔的粉丝里面有一位了不得的厉害人物，谁啊？巴尔扎

图 17　描绘 1848 年革命的名画《拉马丁在市政厅前拒绝红旗》

克！巴尔扎克有三本小说用了这场大辩论作历史背景，而且其中一本小说的主人公还设定成了圣伊莱尔的学生，可见这场大辩论对巴尔扎克有多大的影响力。文艺界的人士，特别是当时的法国文艺界，他们可不管谁对谁错，他们关心的是谁保守，谁进步。居维叶已经是个61岁的老人了，而且他还曾身居高位，现在还是参议院内政部主席。居维叶的形象就是一个保守的权威，在文艺界眼里总是不占便宜的。反对权威是文学家艺术家的最爱，特别是法国人。

因此，双方在舆论上颇有点儿不相上下的味道，反正双方都认为自己这边是赢家。但是居维叶毕竟是老道的，他的政治嗅觉可不是一般的灵敏。他着急忙慌地安排了去英国访问讲学。他这一走，果然躲过了一场劫难。三个月后，法国又闹革命了……

听一听　　　听一听　　　听一听

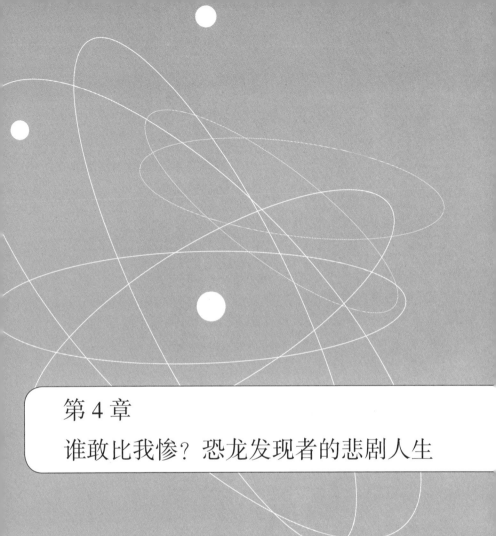

第 4 章

谁敢比我惨？恐龙发现者的悲剧人生

法国爆发了 7 月革命，不得人心的国王查理十世被废了。路易·菲利普被扶上王位，法国进入君主立宪时期，自由派重掌政权。居维叶倒是嗅觉灵敏，他早早地就去了英国。还好，新国王并没有清算过去的旧臣，居维叶再次平稳过渡。我们发现，法国那些年不太平，时不时地就换领导。从拿破仑换到路易十八，再换到查理十世，再换到路易·菲利普，后边还有拿破仑三世复辟。科学家们也积极参与国政，但是他们都在历届政府里面从容过渡，就像不倒翁一样。从拉普拉斯到居维叶，后来的阿拉戈还短时间担任过法国总理。

居维叶保留以前的一切职位，还被国王授予法国贵族的称号，甚至在他去世之前还被提名为内务部长。但是居维叶在科学界的权威已经不再，法国科学界进入了后居维叶时代。最后两年，居维叶都在写作和公开讲课中度过。他在 1831 年出版了全面批评拉马克的大作《拉马克的悲歌》，拼尽最后的力气对拉马克进行大批判。想当年拉马克葬礼上的悼词也是他的文笔，一般来讲悼词都说好话，居维叶还是忍不住批了拉马克一通。从这一点上讲，居维叶不厚道。1832 年，居维叶去世，由于他身份极高，死后极尽哀荣。讽刺的是，在居维叶的丧礼上，代表科学院为他念悼词的，竟然是他的老对头圣伊莱尔。圣伊莱尔在这篇悼词中充满了溢美之词。毕竟两人曾经并肩战斗过，曾经是睡在上下铺的兄弟。人死了，总会留下美好的回忆。

总之，人死为大，入土为安。圣伊莱尔此后再也没有批评过居维叶，这一点比居维叶本人做得更好。1840 年，圣伊莱尔当年在埃及染上的眼疾发作了，视力急剧下降，最后双目失明。作为一个博物学家，没有了眼睛，跟死了没什么区别。那些研究了一辈子的矿石、植物和动物统统看不见了。1844 年，圣伊莱尔去世了。法国的博物学进入了一个沉寂时期。就在拉马克、居维叶、圣伊莱尔他们大辩论的这个时代，科学界也在发生着变革。科学开始越来越快地分科。各种各样的新知识冒了出来，数量极其庞大。人们对自然界的了解越来越多。再也不可能有人号称无所不知，无所不晓。大家不得不有所侧重。因此学科的分化越来越快了。

博物学的分科化与整个科学的分科化是同步的。从法国大革命那个年代开始，科学家们就开始变得越来越专业化了，德国也差不多。英国则要晚一些，到19世纪的中期才开始。早年间，牛顿那个时代，英国能人辈出，当之无愧地引领着当时的科学潮流。后来科学的中心就移到了欧洲大陆，法国人在19世纪开始异军突起。数学、物理、化学乃至博物学都是法国人领先。19世纪末转移到了德国，如今转移到了美国。英国在19世纪初比法国要慢上半拍。

总之，以往的博物学家大多既搞植物学，又搞动物学，虽说可能有所侧重，但是并没有截然分开。随着积累的材料越来越多，1800年之后再也没有博物学家能够兼通植物、动物和矿物三大领域。博物学首先分成了动物学、植物学、地质学。接下来，动物学里又分成鸟类学、鱼类学、昆虫学等，植物学也可以进一步分出显花植物学和隐花植物学等。博物学家也发现，自己只有专注于数几个科的物种才有可能提高自己的专业水平。分科化也体现在学术刊物和学会的名称上。1788年成立的林奈学会是一个博物学学会，1807年成立的伦敦地质学会、1826年成立的伦敦动物学会则是专业学会。到了19世纪60年代，出版了近百种动物学杂志、80种地质学杂志、65种植物学杂志、75种博物学杂志。地质学最先从博物学里面分离出来，毕竟地质学研究的是死物，不是生物。矿石标本是没有生命的。地质学与生物学慢慢拉开了距离。

到了19世纪后期，随着博物学的分科化，"博物学"一词慢慢被抽空，剩存的名头则越来越狭义化，即主要指动植物分类学以及对身

图 18 年轻时期的欧文

边常见观赏性动植物如鸟和昆虫的研究。"博物学家"则越来越包含"业余爱好者"的意味。博物学在学术体系里面慢慢地变得边缘化,许多人改用"生物学"这个词了。但是博物学与公众的接触却是越来越多,特别是博物馆开始兴盛起来。虽然此博物(Natural history)非彼博物(Museum),但内在是有关联的。博物馆兴盛最大的推手就是英国的欧文。

欧文是英国的博物学家。他在那个年代算是高寿,活了89岁。他眼看着自己的理论声名鹊起。也眼睁睁地看着自己的理论慢慢式微,乃至自己的名字都无人提及。理查德·欧文,1804年生于英国兰开斯特。在没有成为一个动物学家、古生物学家之前,他最大的理想就是当一个治病救人的医生。

他是这样想的,也是这样做的。他16岁的时候跟着一个外科医生当学徒,学徒期满,1824年到爱丁堡学习医学。第二年又转至伦敦求学,后来,他成了英格兰皇家外科医生学会的会员,而且被任命为皇家外科医学院博物馆馆长的助手。他的主要工作就是跟着著名解剖学家亨特,负责管理他所收藏的标本。从这个时候起,欧文感觉自己学了这么多年医,也应该是实践的时候了,于是,在业余时间他开始了自己的行医生涯。

1831年,当了多年医生的欧文一次偶然的机会去了趟巴黎,拜访了一个人,拜访结束后,他猛然发现,自己的人生开始转变了。这个重要的人物就是居维叶。欧文是居维叶的粉丝。受居维叶的影响，欧文开始研究法国自然博物馆的标本。他对自己的人生目标更加明确了，决定这辈子就干博物学了。

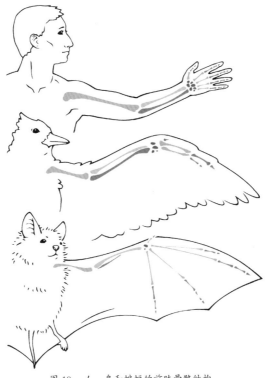

图 19　人、鸟和蝙蝠的前肢骨骼结构，
明显是同一个"模板"改造出来的

欧文对于圣伊莱尔和居维叶的大辩论非常了解。他知道居维叶的理论，也知道圣伊莱尔的理论。他觉得这两部分是相辅相成的，不可偏废，于是就把两个人的理论综合了一下。欧文主要继承了居维叶的衣钵，他被称为"英国的居维叶"。他有学医的经历，16 岁就开始解剖尸体了，给师父打下手，什么脏活累活没干过？因此他对比较解剖学特别擅长。欧文开始明晰两个概念，一个叫"同源器官"，一个叫

"同功能器官"。过去圣伊莱尔和居维叶辩论，其实他们都没明确地下定义。圣伊莱尔老是说"设计统一"原则，这话本来就不是很清晰。同源器官在欧文看来，就是不同动物的同一个器官。蝙蝠的翅膀、鼹鼠的前肢和儒艮的鳍状肢是同源的。它们是根据相同的规划建立起来的，而且起点一致。那么同功能器官呢？欧文认为这完全取决于功能。腿是用来走的，翅膀是用来飞的。

图 20　飞蜥的翅膀其实是肋骨的延长

同源性和同功能性是两回事，互相不矛盾。排列组合可以有 4 种情况。比如人和猴子的前肢，既是同功能也是同源。人的胳膊和鸟类的翅膀是同源但是不同功能。飞蜥的翅膀和鸟类翅膀是同功能，但是不同源。第 4 种就是彻底没关系。欧文的目标是试图发现所有生物的所有同源器官。这样的话，生物之间就是普遍联系的。不同生物的不同部位，就能联系起来。所有的动物应该由同一套模板扩展而来，起码欧文是这么认为的。

他开始设法反推这一切的起点，还真鼓捣出一个脊椎动物的原形来。其他大类他也想搞，但是没成功。由此可见，他也认为物种是可变的，物种之间有联系。他后来还受到德国博物学家奥肯的影响，奥肯受哲学家康德的影响很大。奥肯提出了一套理论，认为脊椎动物的原形跟蜈蚣差不多。每一节脊椎骨上都有肋骨和胳膊。最前头的脊椎骨发展成了头骨,胳膊发展成了下巴。这样的描述,从旁观者的角度来讲,未免太难接受,但欧文还挺喜欢这个理论。这个理论的始作俑者其实是大文豪歌德,他认为头骨是由脊椎变来的。后来,这套理论被证明是在胡扯,文豪还是去写文学作品更合适。这套理论虽然是错的,但是起码有一点是可取的,那就是物种会发生缓慢的变化,从一个物种变成另外一个物种。

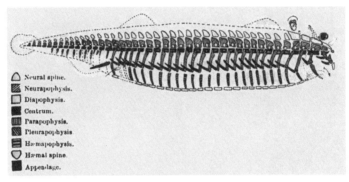

图 21　欧文反推出的"模板"

奥肯学派提出了"生机论"。认为细胞内部的动力推动着进化的发生。物种不是一成不变的,是会发生变化的。但是物种是如何变化的呢?为什么会变呢?这两个问题,都没有一个特别让人信服的答案。拉马克是如此,欧文也是如此。什么叫"细胞内部的动力"?这话说得也很模糊。

19 世纪 40 年代早期,欧文对比较牙齿的结构倾注了大量精力,因为他知道牙齿是身体最坚固的部分,也是最容易以化石的形式被保存下来的部分。你看看牙齿长成什么样子就知道这个动物吃什么,根据牙齿磨损程度,也能估计出动物的年龄。牙齿可以告诉我们许多信息。1840～1845 年他发表了《牙体型态学》,是研究牙体结构的主要著作。

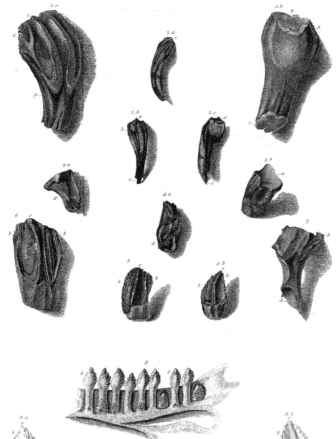

Teeth of the IGUANODON a newly discovered FOSSIL ANIMAL from the Sandstone of TILGATE FOREST, in SUSSEX.

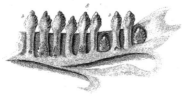

Portion of the Jaw of the Iguana, four times magnified.

图 22　禽龙牙齿与现代鬣蜥的牙齿图解，来自于曼特尔在 1825 年的禽龙研究

当然，从历史的角度来看，这个时期欧文的最大成就是给一种生物起了个流传千古的名字——恐龙。皇家外科医师学会会员、皇家炮兵医院的外科医生曼特尔偶然看到了矿工们送来的牙齿化石，他认为这东西应该是一种大型动物的化石。他狂喜不已，顿时觉得这辈子出人头地的机会来了。他特地请教了牛津大学的巴克兰。巴克兰劝他谨慎行事，宣扬出去只恐让人笑话。后来他去请教权威居维叶。居维叶也不觉得这东西有什么奇怪，可能是犀牛的牙齿。居维叶为了不打击他的信心，给他开了个偏方。让他去英国皇家外科医学院博物馆对比标本。曼特尔还真的去了，正巧在英国皇家外科医学院博物馆碰上一个访问学者，他认为这颗牙齿像鬣蜥的牙。曼特尔仔细比对，的确长得很像！他很高兴，就取名"鬣蜥"，后来改成"鬣蜥的牙齿"。随后，他写成论文发表了。

曼特尔哪里知道，已经有人捷足先登了，报告说发现了巨齿龙牙齿。论文作者不是别人，就是先前请教过的巴克兰。曼特尔顿时一脸黑线，气就不打一处来。不过在看到了巴克兰的文章以后，他放心了。巴克兰在《伦敦地质学会学报》发表的一篇论文中，列入了他的好朋友，英国医生兼地质学家帕金森描述的巨齿龙。（帕金森这名字大家都熟悉，他就是帕金森综合征的发现者。）这种巨齿龙牙齿拥有一种有趣的、不同于蜥蜴的结构。下面呢？没下文了，巴克兰仅仅就写了这么多！

真正点燃学界的兴趣，还是曼特尔自己的文章。居维叶回信了，他看到曼特尔的论文，觉得曼特尔说得对，的确存在这种古代的大型爬行动物。我国早期在翻译的时候称为"禽龙"。

图 23　禽龙的骨架

　　1841 年，欧文才对英国的古爬行动物化石做了总结性的研究。他倒是独具慧眼，禽龙、巨齿龙和林龙相当特别。这些动物不仅体型巨大，而且肢体和脚爪有些类似大象这样的厚皮哺乳动物，也就是说腿呈柱状，由躯干两侧直接向下方伸出，与其他爬行动物的情形不同。其他爬行动物的四肢是先向躯干两侧延伸一段距离后，再向下，行动时腹部贴着地面，一副匍匐前进的样子（想象一下鳄鱼的样子）。禽龙等动物的柱状肢体因位于躯干之下，腿可以支撑躯体离开地面。其他爬行动物普遍跑不快，腿短嘛。但是这三种龙可不一样，它们能自如地在陆地上行走、奔跑，甚至跳跃。

因此，欧文感到很有必要给这类新识别出的古生物类型取一个名字，以便与其他类似动物相区别。他把 Dinos（恐怖、巨大的）和 Sauros（类似于蜥蜴的爬行动物）组合起来，于是"恐怖的蜥蜴（Dinosauria）"一词便随之诞生了，我国简单地翻译为"恐龙"。

欧文还有一大贡献，那就是推动了博物馆的发展。早先各大博物馆都只向专业人士开放，水平不够您还真别想进去看。但是欧文觉得博物馆需要向公众开放，他甚至鼓励工人利用晚间时间来博物馆参观。他也长年担任大英博物馆自然历史博物馆的领导职务。他在世的时候，自然历史博物馆一直没有设馆长职务，到他去世才设立了第一任馆长。那个时代也是博物馆大发展的时代。

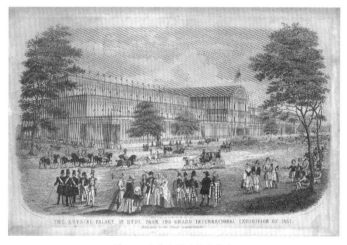

图 24　海德公园里的水晶宫

欧文所处的时代，正是英国历史上堪称鼎盛巅峰的"维多利亚时代"。1851 年，伦敦举办了第一次世界博览会，忙前忙后的正是维多利亚女王的丈夫阿尔伯特亲王。一时间盛况空前，颇有万邦来潮之感。万国博览会的会场建在海德公园里面，是一个在当时看来非常现代化的建筑，叫作"水晶宫"，全是铸铁框架和大玻璃构建的。世博会闭幕之后，水晶宫要拆走，在伦敦郊外有一个叫作西德纳姆的小镇上重新搭建起来，规模还比原版大两倍，用来举办各种展会，各种活动。1852年8月，新水晶宫开始动工。水晶宫场馆的设计师急匆匆来找欧文。

水晶宫场馆的设计师找欧文干什么呢？他来找欧文是为了把水晶宫打造成一个恐龙主题公园。欧文觉得这是一个非常好的主意，所以他就同意了。欧文找到了雕塑家霍金斯，两个人配合一起来操办这件事。霍金斯凭借他非常丰富的想象力，配合欧文非常扎实的古生物学的功底，复原了大批的恐龙模型。水晶宫周围有好几个人工湖，湖里有人工岛。大约15类33种恐龙模型被安放在了人工岛上。这些庞然大物果然非常拉风，场景非常壮观。大家可以想象，水晶宫一开幕，从没见过这些史前魔化生物的公众们会产生什么样的轰动效应。不仅如此，欧文还玩了一把行为艺术，他开设了一个晚宴，请了英国科学促进学会的成员前来赴宴，这场宴会的地点是在一只巨大的禽龙模型

DINNER IN THE IGUANODON MODEL, AT THE CRYSTAL PALACE, SYDENHAM.

图25　禽龙肚子里的宴会

的肚子里，到场的所有人都被惊得目瞪口呆。只有欧文在后边捂着嘴偷偷地乐，他的目的达到了。

新水晶宫开幕的时候，维多利亚女王和阿尔伯特亲王都来参加了开幕仪式，4万多名观众涌进了水晶宫。看到矗立在水池中的这些大怪兽，公众立刻就炸了锅，这是什么东西？太震撼了！恐龙第一次在公众面前亮相就引起了不小的轰动。即便是从事古生物研究的专家，也只见过挖掘出来的一堆骨头，大家都没看到过这样栩栩如生的复原模型。人们都在问，这个庞然大物是从哪来的？这些动物现在还生活在地球上吗？

图26　当年的禽龙模型现在已经成了文物，鼻尖上还保留着欧文的错误

如果让欧文来当讲解员，他一定会回答普通的公众，这些动物早就已经灭绝了，一只也不剩了。大家问，为什么它们会死得一个都不剩了呢？欧文就会回答，你们都记得《圣经》上记录的大洪水吗？这就是上帝没事干，格式化地球玩，把地球上所有的动物给抹光了。所以你们现在看到的这些恐龙，就是根据挖到的骨骼残骸复原的。毫无疑问，欧文坚持的还是居维叶的大灭绝理论。

但是现在看来，欧文犯了很多错误，他怎么也没有想到，这么大的一只动物居然只靠两条后腿站立，前爪只起辅助作用。当时他们建造模型的时候是怎么也猜不到这一点。人们都认为像犀牛、大象这么庞大的动物一定都是四条腿站立的，可是禽龙恰恰不是这样的，它小时候只靠两条后腿就可以站住，成年以后体重增加，四条腿行走才变得比较常见。总之，禽龙的体型远比欧文塑造的大肚子模型要矫健得多。这还不算，更有趣的是欧文发现了一个圆锥形的骨骼，不知道该往哪儿放。他怀疑这是鼻子，于是就把它粘在了鼻尖上。这东西还不小，有十多厘米那么长。1878 年，在比利时的一个煤矿里面找到了三十多具禽龙的骨架，其中有十七具比较完整，科学家们发现，原来那个圆锥形的骨骼根本就不是鼻子，而是爪子的一部分，欧文当时搞错了地方。

不管怎么说，当时水晶宫展出的这些恐龙模型，引起了非常大的轰动，欧文当时名声也是非常大的。可是，欧文并不是恐龙的发现者，他只是恐龙这个大类的命名者。真正最早发现恐龙的是曼特尔，他也指望着凭着自己的这个发现能够名利双收。但事实上这个人过得比谁都惨。

1833 年，曼特尔发现了另一个庞然大物——雨蛙龙。曼特尔善于收集骨头，也是个杰出的医生，但他无法一心二用，医生职业就荒废了。他还拿出大笔的家产来买化石，还掏钱自己出书，但买他书的人寥寥无几，比如 1827 年的《苏赛克斯的地质说明》只卖掉了 50 本，白白倒贴了 300 英镑，这在当时不是一笔小钱。

后来，曼特尔灵机一动，把自己的房子改为博物馆，收门票赚钱。但他意识到这种商业行为会损害他的绅士形象，而且作为一个科学家也拉不下脸来干这个。于是，他完全开放自己的博物馆，走免费路线了。现在高喊免费的互联网企业都在烧天使投资人的钱，哪有烧自己的钱的？没几天，他的钱就烧光了，还欠了一大堆债务。到头来，为了还债，他卖掉了他的大部分收藏品。妻子也带着孩子离他而去。但这仅仅是厄运的开始，他后来搬家到了伦敦，好端端地坐在马车上，也不知怎么稀里糊涂的就从车座上掉下来了，还被受惊的马拉着跑了好远，这次事故造成他背部的脊柱弯曲，腿也瘸了。他再也没有恢复健康，后半辈子都过得非常痛苦。

要说欧文这个人人品还真是有问题。你要是看到他的照片，你就会觉得他的面相之中透露出某种奸诈。欧文开始利用他手中的权力，慢慢地把曼特尔的名字从整个生物学的系统中给清除出去，开始慢慢地屏蔽这个人，凡是曼特尔给物种起的名字，欧文就重新起一个，曼特尔的痕迹逐渐被一点一滴地抹掉了。曼特尔还想搞些学术研究，但是他写的论文都被欧文压下来无法发表。

1852 年，曼特尔吞食了 32 倍治疗剂量的鸦片自杀身亡，他实在是不堪肉体和精神的双重折磨。因为他是医生，鸦片在当时也是常用的麻醉药，所以他有机会拿到过量的鸦片。去世以后，他那变形的脊椎骨也被取出来制成标本，送到了皇家外科医学院的亨特博物馆，当家人是欧文，等于他的遗骸也落到了欧文的手里。100 年后，二战期间德国飞机轰炸英国，一颗炸弹准确地击中了曼特尔的遗骸，于是骨骼就此灰飞烟灭了，再也找不到一星半点。曼特尔在人间留下的最后一点痕迹都消失了，所以曼特尔很有理由在天堂高喊一声："谁敢比我惨！"说到底，不幸的人各有各的不幸，有些事情是难以想象的。

欧文一生中的最后一件大事，是有关一桩化石买卖。这事没发生在英国，而是发生在德国，德国的生物学家冯·迈耶宣布他发现了带羽毛的化石。骨头容易保存是因为骨头很硬，而羽毛的痕迹保存下来比较罕见。一个多月以后，冯•迈耶又宣布在同一个地点发现了比较完整的化石标本，化石说是完整的，其实还缺个头。后来冯•迈耶给它起了个拉丁文名字，是古代的翅膀的意思，我们中文的翻译那就大大的有名了，叫作"始祖鸟"。

不仅是冯•迈耶，还有别人也得到了始祖鸟化石。1861年，医生哈勃兰也拿到了一块始祖鸟化石，这块化石并不是他自己挖出来的，而是当地的工人找他看病，没钱付账，他许诺工人们可以用化石标本来付账。所以工人们慢慢地就把各种各样的化石送到他手里，他收集的化石非常多，有一千多块。后来他女儿要出嫁，他没钱，于是就打起了这一堆化石的主意。

当时的生物学界对过渡性物种还是非常关注的，但是当时德国权威、慕尼黑大学的瓦格纳教授对此却不以为然。他从来不认为会存在什么过渡性物种，这种所谓的始祖鸟就是古代普通的鸟类。但是很多人还是认为这是国宝，不能流出德国，他们甚至恳请德国皇帝威廉一世出钱把这块化石买下来，但是威廉一世显然没有兴

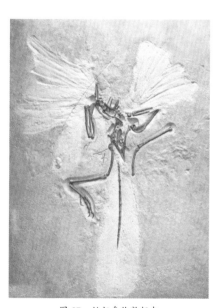

图 27　始祖鸟伦敦标本

趣买。后来一群学者向国会申请禁令，禁止此类物品被卖出德国。但是很遗憾，禁令生效之前，这批化石已经被卖出去了，买主正是英国的欧文。本来英国的自然历史博物馆也并不怎么想要这批化石，他们授权欧文，500英磅之内要是能搞定，那就买下来，超过500英磅就

算了，欧文冒险跟对方讨价还价谈到了 700 英磅，包括这块始祖鸟化石在内的 1700 多块化石被集体打包买了回来。欧文原本承诺分两次把款结清，但他中间还拖拖拉拉的，明显是想赖账。700 英镑，大约相当于一个教授 60% 的年薪，也不是一笔了不得的钱。

欧文买回来的这块始祖鸟化石被称为"伦敦标本"。他为什么火急火燎地宁可冒险违规多花钱也要把这一堆化石买到手呢？他还着急忙慌地写论文发表了，他不但要把这堆标本控制在自己手里，他还要掌控整个标本的解释权，他又居心何在呢？因为带羽毛的恐龙显然是个过渡性物种，在欧文看来，对他的理论是非常不利的，千万不能让学术上的对手掌控，对手是谁呢？这个人就是达尔文。达尔文虽然和欧文算是朋友，但是他也知道，此人人品有问题。从后来欧文的表现来看，他奸滑的一面显露无疑。书到此处，达尔文才刚刚登场，别急，好戏还在后头呢！

听一听　　听一听

第 5 章

踏上环球路：达尔文扬帆远航

达尔文的名字那是无人不知无人不晓，他简直成了进化论的代名词。但是在当时他远没有现在这么显赫的名声。达尔文有一个非常了不起的家族。他家祖上也曾经默默无闻，但是到了他祖父这一代，陡然之间发达起来了。达尔文的祖父伊拉斯谟斯是一代名医，连国王都要请他看病，而且还想请他当御医，但是被伊拉斯谟斯谢绝了。他很早就

图 28　伊拉斯谟斯·达尔文

是英国皇家学会的会员，英国皇家学会会员的头衔非常光荣，要是能在署名后边带上个 FRS（英国皇家学会），那就牛得不得了。达尔文家族连续 6 代出了 10 个会员，在英国皇家学会的历史上是非常突出的家族。

当时很多医生都爱搞点儿博物学研究，伊拉斯谟斯也不例外，他还是一个诗人，平时还爱发明各种各样的机械。伊拉斯谟斯在自己的作品里面，很早就表达了进化的思想，就连远在法国的拉马克，多少都受到他的影响。伊拉斯谟斯估计也是个情圣，他一共有两任妻子、两位情人，前前后后给他生了 13 个孩子，活到成年的有 10 位。达尔文的父亲这一代也有好几个是学医的，而且进了皇家学会，这当然少不了老爷子的大力推荐。受家庭传统影响，达尔文进入了英国最好的爱丁堡大学医学院就读，但是，他在观看别人做手术时居然晕过去了，看来他是注定干不了这一行了。达尔文这么脆弱吗？不是，是那个年代做手术太恐怖了。麻醉技术还很原始，也没有被推广普及。手术室基本上就是个屠宰场，血腥味伴随着病人撕心裂肺的嚎叫，难怪

达尔文受不了。

后来，家里又送他去剑桥神学院读书，希望他将来当个神职人员。不过达尔文更喜欢自然科学方面的课程，对神学并不关心。堂弟告诉他外边都在流行抓甲虫，达尔文倒是非常感兴趣。总之，达尔文最喜欢的事情就是打猎、养狗、收集标本、抓虫子。有一阵子他跟姐姐的几个闺蜜走得比较近，其中一个女孩子算是达尔文的初恋。达尔文手把手地教女孩子骑马、开枪、打猎，在那时候也算是够酷够前卫了。

当时达尔文刚从医学院退学，还没进入剑桥大学去学习神学。中间有个空档期，因此达尔文有大把的闲暇时光，他也经常带女孩儿一起去抓虫子。但是，达尔文太痴迷于抓虫子了。看见前面有一个奇异的甲虫，他上去就抓。又看到一个，再抓一个。两只手都抓满了。看到第三只漂亮的甲虫，他没手去抓了，一张嘴把手里的甲虫含在了嘴里，腾出手去抓新的虫子。虫子在他嘴里分泌出非常恶心的液体，他也顾不上。女孩发现他俩的谈话内容只限于虫子。达尔文甚至想不起来去见她，除非女孩儿也抓到了奇怪的虫子，两人慢慢地疏远了。

达尔文去了剑桥，离开了老家，女孩儿也和别人订了婚，可没多久又解除了婚约。她又回心转意地想起了达尔文，大概觉得还是发小比较可靠。但是达尔文根本无暇顾及这事儿，科学研究远比儿女私情要有趣得多。达尔文就要扬帆远航，踏上改变他一生命运的奇妙旅程了。

1831 年，达尔文的朋友汉斯罗接到了一封剑桥大学天文学家皮克写来的信，信上说，菲茨罗伊船长要去海外搞大地测量。这艘船特别适合搞科学研究，这是千载难逢的好机会。要是能搭一个博物学家一起去，那是求之不得。船长菲茨罗伊很年轻，人特别好。现在就缺一个博物学家的人选。船 10 月启航，想知道汉斯罗有什么人可以推荐。

汉斯罗首先想到的是他的亲戚詹宁斯，但是詹宁斯管着两个教区，本职工作是传教士。最后，詹宁斯牧师还是放弃了这个机会。汉斯罗本人也是一位博物学家兼牧师，他自己也想去，不过他舍不得离开自己的家，舍不得离开自己的老婆。最后思虑再三，他也放弃了。他想到了达尔文，达尔文是个单身汉，没牵挂。他马上给皮克写回信，然后自己另外写信通知达尔文。

达尔文当时和别人一起外出考察。回来一看，收到两封信。一封是汉斯罗的，一封是皮克的。皮克在信里把菲茨罗伊船长给夸了一番。还说菲茨罗伊自己花钱买了两个火地岛的土著人带回英国，教他们英语，教给他们文明的生活方式，看看放回去以后能不能带领族人文明化。菲茨罗伊兴趣爱好广泛，还自掏腰包，请了一位画家跟他一起航行，年薪 250 英镑。现在博物学家的位子有空缺，想知道达尔文去还是不去。至于工资，那是没有的。这一次航行起码两年，不过海军方面可以提供仪器。还说要是达尔文要工资，他们大概也会给。

达尔文自己没什么意见，他马上写信同意去远航。但是他老爹极度反对，达尔文不得不出尔反尔，第二天再写信拒绝了邀请，真是万分抱歉！后来经过各方努力，他老爹有所松动，给他开了一张清单，上面一条条列举了各种困难，达尔文能一一搞定吗？万一跟人家脾气不合，你怎么处理？离家那么长时间，你该怎么对待？家里希望你将来当个牧师，你这次远航与当牧师之间毫无联系，你花这个时间不浪费吗？达尔文全都做了回答。亲戚朋友都支持，他老爹也就随他去了。

达尔文写信表示，自己准备好了，可以去。但是节外生枝，菲茨罗伊船长表示不同意。菲茨罗伊船长原本打算让别人去。他写了信去询问，人家还没给回音。达尔文非常扫兴。不过他还是去了伦敦，拜访了一下菲茨罗伊船长。两人一见面，菲茨罗伊很热情，原来 5 分钟以前，他那位朋友正式拒绝了跟他一起远航。这个职位又空出来了，刚好被达尔文给撞上，实在是太巧了。

见面伊始，菲茨罗伊就对达尔文的鼻子有意见。他听说过，长达尔文这种鼻子的人通常不够坚定，能不能完成历时好几年的航程呢？他心里打鼓。他详细地给达尔文介绍了航线走向，行程先后顺序，船上的住宿条件如何，伙食怎么样，一年要付多少饭钱。不白吃啊！菲茨罗伊说了，算总账的话要不了您 500 英磅。原来达尔文吃饭还要自己花钱。

达尔文唯一不满意的是，海军部下达的任务是测量南美洲和火地岛，并没说要环球航行。环球航行是菲茨罗伊自己的计划，上级还没批准，这也留下了一个隐患。接下来，达尔文需要回家准备出行的物资。菲茨罗伊提醒大家，最好每人准备好一箱子手枪，没枪不准上岸。达尔文不明白，要这东西干什么用？既然有要求，那就准备吧。他还是准备了一箱子手枪和一杆长枪。

10 月，达尔文到贝格尔号上看了看他未来几年的住所。贝格尔号排水量 235 吨，不算大。水手们正在对船进行改装，他们需要抬高甲板，一群人拎着油漆桶正在刷油漆。菲茨罗伊船长很年轻，才 23 岁，不过他可是老司机，已经往返火地岛好几次了。原本他们打算 10 月出航，但是日期一推再推。一直到 11 月都没能走成，一直拖到了 12 月才出航。一出发达尔文就开始晕船，胃里一阵阵的翻江倒海，所有东西都吐出来了。第二天船返回港口。达尔文的脚站在稳固的地面上，感觉真的好极了。12 月 21 日，船再次出海。可是没多久船就触礁了，停了半个小时。好不容易到了公海上，达尔文晕船晕得一塌糊涂，最后睡了一天才醒。一睁眼他发现，船不得不回到港口，因为风向不对，没法航行。折腾了几个月，连家门都没出去。

尽管在港口出不去，但是达尔文也没浪费时间。他向港口的老水手们请教该带什么，他还买了一大堆书，打算在船上观察气象、学习数学、德语还有西班牙语。到了圣诞节，船还在港里停着。过节以后，到了12月27日，贝格尔号终于起航了，达尔文踏上了环球航行的旅程。

贝格尔号航行的目的并不只是科学考察。大英帝国当时跟南美的贸易联系很密切，政治目的还是第一位的。船的航速大概是7～8节，换算成公里大概13～15千米/时。第一天很平静，达尔文睡了个好觉。但是以后的一个礼拜都是在惊涛骇浪之中度过的。达尔文几乎瘫了，他晕船实在是严重，躺在吊床上一点儿力气都没有。船过马德拉群岛（非洲摩洛哥外海，归葡萄牙管辖）的时候，他都没力气看上一眼。

达尔文住的地方很窄，拆了吊床才能有工作的空间。对面就是绘图员斯托克斯的绘图桌。反正达尔文在晕船的时候不是躺在吊床上，就是躺在菲茨罗伊舰长室的沙发上。大概有人跟达尔文聊天可以分散他的注意力，使他感觉好点儿。他们谈的最多的是地理学家洪堡德的著作。这个洪保德跟我国的徐霞客有的一拼，都是一辈子献身给了地理事业，深入深山老林、人迹罕至的地方去考察。

洪保德对于热带的描述特别多。贝格尔号的航行路线刚好要经过洪保德描述过的特纳里夫岛。特纳里夫岛是加那利群岛中的第一大岛。快到特纳里夫岛的时候，坏天气算是过去了。达尔文开始满血复活，打算到岛上去考察一番。看见远远的海岸线上有雪白的房子，浓云上空露出来白色的山顶，还有阳光海滩，达尔文还是很开心的。但是当头一瓢冷水浇了下来。当局不许他们靠岸。理由是欧洲正在闹霍乱，怕传染，要上岸得先隔离12天。船上的人全泄气了。菲茨罗伊船长一听要停12天，这不是瞎耽误工夫嘛！走吧，不上岸了。下一站是佛得角群岛。达尔文恋恋不舍，看着特纳里夫岛越来越远，渐渐消失。顺便提一句，特纳里夫岛是个度假胜地，但是最出名的还是在航空史上发生的最大一次空难，没有之一。两架满载的波音747相撞，死了500多人。原因是一系列的调度问题。

剩下的日子，风平浪静，达尔文没有晕船，他开始看书学习。上船以前汉斯罗告诉他，最近出版了一本书，叫《地质学原理》第一卷，写书的人叫莱伊尔。但是汉斯罗告诉达尔文，这本书当作资料去读就好了，书的理论部分，还是躲远点儿。说不好听的，那简直是歪理邪说！为什么呢？因为这本书对居维叶的大灾变理论进行了全面的反驳。

达尔文知道，那时候流行的正是居维叶为主导的"灾变说"。居维叶也不是灾变说的首创者，但是他的学说最有代表性。居维叶对海沉积层的研究表明，海水曾经好几次大规模入侵陆地。海水留下了许多浸泡冲刷的痕迹，还留下了海生动物的骸骨。此后，陆地沉积物和淡水沉积物就压在了海水沉积物之上，层层叠叠的。每一种动物的骸骨，跟沉积层一般是有对应关系的。按理说，沉积物是海水漫上来形成的，应该基本是水平。但是居维叶发现，很多地方的海水沉积层是倾斜的，而且斜得非常厉害，好像地层起了褶皱一样，有的地方还皱得厉害。到底是什么力量把地层搞的如此扭曲呢？这种力量，我们现在显然是没见过的。我们天天能看到的雨雪风霜、潮起潮落似乎都没这么大的力量。这必定是某种超自然的力量搞出来的。话里话外不言而喻，这事儿是上帝干的。居维叶还说，在西伯利亚发现的那些冷冻的猛犸象，也是活生生的例证。这玩意儿只有速冻，才会有如此之好的保鲜效果。快速冻结，恐怕也不是自然力能搞定的吧！

地质学方面，一直有"水成学派"和"火成学派"的争论。水成学派由来已久。尼罗河泛滥，对古埃及人来讲是司空见惯的事。古代流传下来的观念认为，水才是塑造地球表面地形的主导力量。这与圣经上的大洪水记录是吻合的。因此基督教是看好水成学派的。水成学派的领军人物是维尔纳，他的学生布赫却不认同老师的观点。布赫主张的是火成论。主导地形起伏的是地下火山作用。哪里压力大，哪里就会鼓起来。两派争吵不休。但是不管火成论还是水成论，都是靠灾变来发威的，都跟大灾变挂钩，都是上帝在背后操控着。居维叶发现，大洪水的记录不仅在圣经里面提到过，别的民族也有类似的传说。我国也有大禹治水。当时的地质学家们还是普遍支持灾变说的。

但是莱伊尔可不这么认为，他19岁就开始了地质考察，考察过许多火山岛屿。20岁时他沿着阿尔卑斯山脉跋涉了六个星期。后来又结识了不少法国和荷兰的地质学家。慢慢地，他对灾变论起了疑。因为他发现，我们生活中遇到的风霜雨雪电闪雷鸣都是可以一点一滴地改变自然环境的。有些变化虽然缓慢，但是架不住日积月累啊。莱伊尔还对第三纪的地层进行了考察。居维叶说上帝一高兴就把地球格式化了，所有动物都死绝了，可是第三纪地层里面的有些动物，现在还活得好好的。

第三纪就是莱伊尔划分并且命名的，包括从6500万年至260万年之前的时期，是恐龙退场后，新生物崛起的时代。我们现在知道，白鳍豚出现于2500万年前，是不折不扣的活化石。大熊猫，大约出现于300万年前。那时候熊猫体型比现在的小一半，像一只狗那么大。还有许许多多的动植物，都是从第三纪一直存续到了今天。如果不是人类活动的影响，白鳍豚恐怕还不会在近期功能性灭绝。再说个最不招人喜欢的动物——蟑螂，4亿年前就已经存在了，它们熬死了恐龙，一直存续到今天，是个非常成功的物种。丽卡拉套蠊外形跟现代蟑螂长得没什么区别，它们可是生活在1.45亿年前的蟑螂祖先。

看来居维叶的大灾变理论是不靠谱的，而莱伊尔支持的另外一个理论"均变论"，是苏格兰地质学家赫顿（地质学之父）最早提出来的。地形地貌的变迁，从来不需要什么超自然的力量，只要有雨雪风霜、潮起潮落等自然力就够了。变化小不要紧，架不住时间长啊。水滴石穿就是这个道理。但是达尔文看到这儿也是有疑问的。火山喷发总是灾难吧。古代的庞贝古城和赫库兰尼姆古城都是被维苏威火山爆发给摧毁的。水淹是慢慢的，不需要超自然的力量。可是火山是怎么回事儿呢？达尔文心头还是存在疑惑。

听一听

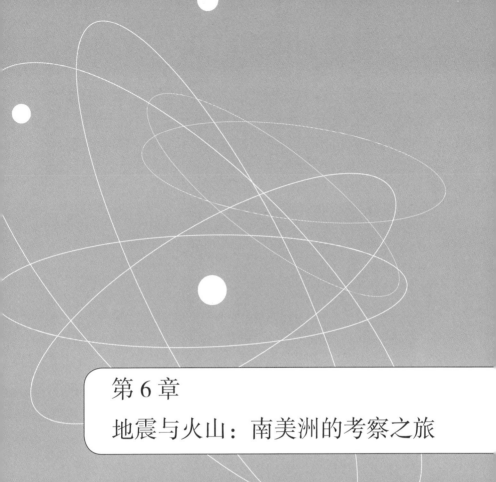

第 6 章

地震与火山：南美洲的考察之旅

图 29　维苏威火山下的那不勒斯

　　莱伊尔恰好是研究火山出身的，对此有相应的描述。莱伊尔考察了意大利的火山以及美国的火山。他发现，火山往往是个锥形，喷发口恰好在最高处，这是为什么呢？那是因为火山熔岩溢流出来，堆积在了火山口附近。火山碎屑喷出来，也是近处的比远处的多，慢慢地，火山口抬升比周边要快，长时间的积累就导致火山锥的形成。要是火山口比较圆，周围地形又比较平，那么就很容易形成漂亮对称的圆锥体。日本的富士山就是个非常标准的圆锥体。最标准的圆锥火山大概是菲律宾的马荣火山。最大的火山锥是夏威夷岛，海面之上有4000 多米，水下有 6000 多米，合计 10203 米。从山体绝对高差来讲，超过了珠穆朗玛峰。

　　欧洲最出名的火山是意大利的维苏威和埃特纳。维苏威的大爆发毁掉了庞贝古城。现在那不勒斯还处在火山的威胁之下。埃特纳火山在西西里岛上，是欧洲最活跃的火山。埃特纳喷发是家常便饭。很明显能看到，火山地形是层层叠叠、不断的岩浆覆盖堆积构成的。

　　对于其他的山脉，莱伊尔认为是大地长时间缓慢的震动造成的，他这个观点实际上是错误的，但是限于当时的认知，也情有可原。总之，即便居维叶发现了海洋沉积地层和陆地沉积地层的交替，那也不是什么大洪水造成的。达尔文被这本书深深地吸引了，他思考了很多，莱伊尔的渐变说对他的影响很大。

　　贝格尔号继续航行，船已经驶进了热带。1 月 16 日。船到了佛得

图 30　国际空间站拍摄到的埃特纳火山爆发

角群岛。佛得角群岛最大的岛叫圣地亚哥岛。最大的港口普拉亚港就
在圣地亚哥岛上。达尔文当年路过此地的时候还比较荒凉。现在已经
是旅游圣地。航行这么长时间，达尔文总算又站在地面上了。热带风
光优美，各种各样的奇花异草和小动物也很让达尔文着迷。佛得角群
岛是个火山群岛，到处都能看到熔岩的遗迹。海水退潮以后，达尔文
趴在海边的溶洞里观察珊瑚的生长。他要仔细观察一下圣地亚哥岛，
跟莱伊尔的理论做个对照。他还带上一个助手，拿着地质锤，爬到山
上去收集岩石标本。很快背包就放满各种各样的石头，这两个人累得
气喘吁吁。

　　达尔文发现，就圣地亚哥岛的地质情况来讲，是符合莱伊尔的理
论的。的确如莱伊尔所说，古老的海底地层压在下面。在上面生长的
珊瑚、贝壳构成了一个新的地层。又一次火山喷发，熔岩流进海里，
覆盖在了这一堆的贝壳和珊瑚上面。过段时间冷下来，新的珊瑚贝壳
又在新地表上生长，然后再被熔岩覆盖。日积月累，一个岛就鼓起来
了，冒出了海面。这说明莱伊尔说的渐进式的演化是靠谱的嘛！

菲茨罗伊船长肩负着测量南美海岸的责任，因此他们也要测量地形。不过他们显然对海水流向更感兴趣。船在佛得角停了三个星期。达尔文还很有兴趣地测量了热带树木的粗细。波巴布树又叫猴面包树，是一种非常奇特的植物，树干粗胖，树冠很密集。因为树干的形状粗胖，底下大上面小，又叫"瓶子树"。果实有足球那么大，很多动物都喜欢吃，因此叫猴面包树。而且它寿命极长，号称老寿星，能活 5000 年之久。难怪达尔文对这种植物这么有兴趣。

图 31　猴面包树

佛得角的鸟类非常漂亮，昆虫种类也很多。达尔文当然会仔细地研究这些动物。他闷在船舱里整理资料就花了好多天。岛上有不少混血儿，黑人与白人生的孩子。他也很注意这些人的智力。他观察的对象不仅仅限于动物，也包括人。

达尔文还注意到，佛得角群岛盛行贸易风。所谓的贸易风在我国叫作"信风"。说的是这种风很守信用，风向一直很稳定。达尔文发现，整座岛上的金合欢树的树梢都是歪的，这与贸易风的风向显然是有关系的。他还爬上高高的桅杆，扫下来好多灰尘。他发现这些灰尘是从非洲飘过来的。贸易风从东北刮向西南，东北面恰好是毛里塔尼亚的沙漠。后来他找人专门进行了研究，发现这些灰尘里面有动物的甲壳成分。佛得角群岛离非洲好几百里地，灰尘居然还能从非洲飘过来，这是个很让人意想不到的发现。

他们继续航行，没多久就路过一个无人居住的礁岩。说是群岛，小了点，说是礁石，大了点。现在一般称为圣彼得 - 圣保罗礁岩。叫群岛呢，也行。别看一堆的算是礁石也好，算是岛屿也罢，加起来有1.7公顷的面积。归巴西管辖，能不能划专属经济区就不清楚了。达尔文去的时候，上面连植物都没有，花花草草的不说了，连苔藓都没有，完全是光秃秃的。但是鸟粪堆积倒是不少。鸟粪堆积可是上好的磷肥啊。达尔文发现岛上有两种笨鸟。一种叫管鼻鹱，另一种叫燕鸥。这两种鸟都不怕人。你拿锤子砸过去，它们都不跑。它们世世代代都没见过人这种两脚兽，它们哪知道两脚兽有多危险啊！

英国海军有个传统，在穿过赤道的时候，要举行过赤道仪式。老水手要好好地收拾一下新手菜鸟。达尔文也不能例外。他兜头就被浇了一大桶水，马上周围一桶一桶的水就泼到达尔文身上，那帮老水手还在达尔文脸上涂上了颜料和柏油。然后拿铁环给刮掉。接着就把达尔文给扔进旁边的一个大水盆里。好在达尔文是第一个，后边还有31个新手菜鸟，他们比达尔文还惨。过赤道仪式是老传统了，按惯例还要挂上骷髅旗，扮海盗，扮海神，这也是传统。英国海军当年都是海盗出身。英国女王颁发了劫掠许可证。看着西班牙的船就给我抢。德雷克就是最大的海盗头子，不过人家女王陛下不在乎，封了德雷克爵士。是海盗还是海军？有区别吗？

在抵达巴西之前，贝格尔号停泊在了巴西人流放犯人的费尔南多 - 迪诺罗尼亚小岛旁。这是一个火山岛，有一些大约一千英尺高的山。岛上覆盖着一片几乎无法通行的密林。林中长有木兰、月桂树以及其他各种树木。这里环境真的很优美，用来流放罪犯算是白白浪费了颜值。岛上百花盛开，果实累累，真是一个很美的地方。达尔文每天都记日记，还常常的写信给自己的父亲。一路上的见闻都写在了这些书信和日记里面，留下了非常详细的资料。作为一个博物学家，达尔文需要详细地记录自然界的一切，也许能看到前人不曾注意的线索。这是达尔文的志向所在，他一点儿也不觉得枯燥，而且乐在其中。

船到了巴西，停泊在圣萨尔瓦多港，前后停了 20 天。他游览了热带森林，收集了蜥蜴、昆虫和植物。这里毕竟是个繁华的港口。圣萨尔瓦多城正是当年葡萄牙殖民者在南美的第一个首都，曾是殖民地统治时期非洲奴隶贸易的主要中心之一，16 世纪中期大批非洲奴隶抵达萨尔瓦多的甘蔗园工作，这里也成为巴西的第一个奴隶市场。几个世纪以来，整个巴伊亚州尤其是萨尔瓦多的文化受黑人影响很大。巴西人说萨尔瓦多才是真正的巴西精神的源头，这里不仅是著名的桑巴舞的真正发源地，也是几乎全部巴西重要民族音乐形式以及巴西狂欢节的发源地。

图 32　圣萨尔瓦多的灯塔

达尔文到了圣萨尔瓦多以后正逢巴西狂欢节。南美的老百姓真是热情奔放，狂欢节玩得都很疯！达尔文认识了几个商人，还认识了几个美国军舰上的军官。达尔文跟美国人聊了聊，他很惊讶，就在圣萨尔瓦多港，奴隶贸易仍然在如火如荼地进行着。19世纪，各国已经不太依靠黑奴贸易了，相继颁布了禁止奴隶贸易的法案，但是奴隶贸易并没有停止，奴隶的走私活动非常发达。那时候美国也还没有废除黑奴制，一直到30年后，才会爆发南北战争。达尔文没想到，他因此跟菲茨罗伊发生了冲突。菲茨罗伊船长憋不住自己的脾气，居然勃然大怒。

这是怎么回事儿呢？还是跟黑奴有关。菲茨罗伊船长是个托利党人，达尔文则是一个辉格党人。每个人都有自己的政治偏好。托利党成立于1679年，以维护君主制，维护传统为主旨。就在达尔文环球航行期间，托利党改名叫保守党，这个名字一直延续至今。保守党是英国第一大党派，著名的撒切尔夫人就是保守党人。托利党当时还是维护奴隶贸易的，但是后来不得不废除奴隶制。1807年，英国不再搞奴隶贸易了。尽管买卖被禁止，但是原来奴隶主拥有的奴隶不受影响。到了1833年8月23日，废奴法案通过。1834年8月1日，所有奴隶都要解放。这都是在贝格尔号航行期间发生的变故。

在达尔文和菲茨罗伊吵架的时候，这一切还没发生。他们在船上，也不可能遥知千里之外的事情。也不知道两个人怎么就聊到这件事。菲茨罗伊说他在某大奴隶主家里亲眼所见，奴隶主把全体奴隶集合起来，当着菲茨罗伊的面问他们，你们对自己的处境满意吗？愿不愿意获得自由？奴隶们一个个的都摇头，都说不愿意。听到船长这么说，达尔文差点气哭了，在奴隶主面前列队站好，有谁敢当着面说真话？这样的证据一点意义都没有。菲茨罗伊船长勃然大怒，吼道："那我们就不要在一起生活了。"达尔文没说什么，还能说什么呢？人家是船长啊。达尔文心里说："完了，完了！就等卷铺盖卷儿回家吧。还有这么多标本和笔记要扛回去。"

菲茨罗伊把船上的大副给叫去了，冲着大副发了一顿牢骚。可是船上好多军官都站到达尔文那一边。他们还邀请达尔文一起吃饭。好在菲茨罗伊船长的怒火来得快去得也快，毕竟也是二十几岁的年轻人。没几个钟头气就消了，派人去请达尔文，向他道歉，还邀请他到船长室一起吃饭。达尔文其实是个脾气特别好的人，他这5年的航行时光，没跟谁闹过大的矛盾。他没跟人发过脾气，没说过伤和气的话，也从来不在背后议论别人。当然啦，当家都很忙，也没空聊八卦，还是抓紧时间干正事吧。

贝格尔号基本上就是围着南美大陆转圈子。船到了里约热内卢要做很长时间的停留。达尔文干脆和同去的画家在岸上租了房子，还跟里约当地的人一起去做野外考察。达尔文在里约足足住了两个多月，7月船才重新起航，向下一站蒙得维地亚港驶去。中途又碰上恶劣天气，巨浪滔天。达尔文又一次眼里天旋地转，胃里翻江倒海，吐得一塌糊涂。

图33 1820年的蒙得维的亚港

蒙得维地亚和阿根廷的布宜诺斯艾利斯隔海相望，距离很近，两座港口现在都是南美洲的名城，达尔文有时候还两边跑。他在乌拉圭这一带停留了10个星期，又是两个多月。他发现当地人很闭塞，什么都不知道。他们对英国、北美、伦敦这几个地方根本没法分辨，地理学得一团糟，指南针他们也从来没见过。达尔文有一种玻璃火柴，是用个小玻璃管装着少许白磷，拿小钳子夹碎玻璃管，白磷就会自动燃烧。达尔文就给他们表演了一下这玩意儿，围观者看得两眼发直，看来的确是少见多怪。不过，当地人也有他们的绝技，比如说用流星锤捕捉鸵鸟，真是百发百中，保证能把鸵鸟的腿捆住。达尔文学得不怎么样，扔出去反弹回来，还砸了自己坐骑的腿。

当地有一种很有趣的动物，叫"土库土科鼠"。这是当地人的叫法，学名叫作"巴西栉（zhì）鼠"。这东西长得像鼹鼠，常年钻在地下。达尔文发现这种动物的眼睛已经退化了，看着挺大的，其实对光没有反应，基本也看不到什么。它们常年在地下吃植物的根茎，昼伏夜出，的确也不太需要用眼睛。达尔文陷入了沉思，难道拉马克说的是对的？"用进废退"？

在这一带考察中，最重要的事情就是发现了一系列巨兽的化石。这些化石在海滩上占据了好大一片面积。既然这里化石种类如此丰富，那么说明它们远古时代就生活在这里。当地没发现什么灾变的痕迹，也就是说，这些动物不是被大灾变灭绝的。这些远古的动物和当地现代的动物有相似之处，应该有进化上的递进关系，这倒是符合"渐变说"。

达尔文把化石全部打包，加上自己写的游记和信件，一股脑全寄给了汉斯罗。汉斯罗家简直成了达尔文的仓库，一路上获得的部分资料，他都会寄回去。这些骨头达尔文当时并不知道是什么动物的。还是欧文帮忙识别整理了全套的化石标本。不过，英国寄给他的信延迟很久是家常便饭，谁也不知道这贝格尔号开到哪儿了，邮件还要辗转委托顺路的船捎带一程。

菲茨罗伊船长要测量阿根廷的圣克鲁斯河的河道。从河口逆流而上需要拉纤，船员们分两队轮流拉纤。达尔文发现这条河周围都是极为坚硬的玄武岩，河底的石头都很小，看来河水流速很慢，携带能力不足。越往上游，险滩越多，周围都是很陡峭的玄武岩。他越发感到疑惑不解，这么柔弱的河水是如何切出这么深的一道河床呢？达尔文想不通前因后果。他预计，这条河原本是个海峡，连通了大西洋和太平洋，就像麦哲伦海峡一样。但是后来地质发生变化，变成一条河流。附近的贝类化石说明了这一点，这里过去是一片海。

图 34　巴塔哥尼亚的冰川国家公园

但是，我们要说达尔文犯了个错误，他不知道为什么河水这么弱，却能切开这么硬的玄武岩。这可不是经年累月、铁杵磨成针的缘故。假如达尔文他们一直能上溯到圣克鲁斯河的源头的话，他们就会看到举世无双的美景。河流源头是阿根廷湖，湖对岸就是雪白的冰川，一堵 70 米高的冰雪高墙矗立在眼前。现在这里建立了巴塔哥尼亚冰川国家公园。这是少有的活冰川，是阿根廷非常壮丽的一道景观。河水固然没那个力气切开玄武岩，但冰川有这个本事。达尔文哪里能想得到呢，犯错误也是难免的。

这次环球航行的旅程，达尔文不止一次到过美洲最南端的火地岛，因为多次遇上咆哮的风暴，以及测量海岸的需要，他们经常会走回头路，航行线路变得非常复杂。他们在南美的几个港口之间有过多次的往返。达尔文自己在写游记的时候是按照地点合并来写的，章节顺序与航行顺序并不完全相符，我们依照达尔文的写作顺序来介绍。

当年麦哲伦第一次环球航行的时候，发现了麦哲伦海峡。可以从大西洋进入太平洋。过去欧洲地理学界受到亚里士多德的影响，大家认为在地球南端存在一个与亚欧大陆等量齐观的"南大陆"。麦哲伦以为海峡南边的陆地就是南大陆的一部分。后来著名的海盗德雷克也想穿过麦哲伦海峡，但是麦哲伦海峡被死对头西班牙人守得像铁桶一般，他过不去。而且他的船与同伴的船失散，被风一直往南吹。德雷克突然发现，原来麦哲伦海峡南边那块陆地只是一个岛屿，并不是一块大陆，现在叫作火地岛。火地岛比台湾岛还大，比宁夏要小，难怪会被误以为是大陆。火地岛和南极大陆之间是德雷克海峡，是世界上最宽的海峡，足有 900 公里宽。

图 35　火地岛的土著在狩猎

火地岛上住的是一支古老的印第安部族。菲茨罗伊以前曾经去过火地岛，顺便还带了几个土著回到英国，教他们吃西餐，说英语。这一次菲茨罗伊要把这几个留过洋、镀过金的土著人送回家乡。打算让他们回去，带领村民们奔小康，过上文明人的生活。达尔文在船上跟这几个土著人相处得很融洽，他们看样子真是有点文明人的风度了，一点也不像是土著人。

送土著人回村只是捎带的，菲茨罗伊的主要工作是测绘火地岛的地形地貌，他们开船沿着火地岛的海岸转了一圈，与当地土著打交道的机会也很多。但是当地人给他们留下的印象并不好。他们的东西动不动就丢失，恐怕是被土著人顺回家去了。这个岛上的部族真是人人平等，达尔文给了他们一块布料，他们也要非常平均地扯碎，一人分一块，真是无处不平均。达尔文认为，没有财产分配的差异，固然没有剥削，但是也不会产生优秀的领袖。这倒好，连个酋长都不存在，社会始终处于原地踏步的状态，看不到一点进步。

还真的被达尔文说中了，几年以后，他们再次来到火地岛的时候，那几个看上去很有教养的土著人，又变得与以前没什么两样了。完全看不出他们是握过刀叉，吃过西餐的，也看不出来他们曾经在伦敦居住了那么长时间，英语恐怕也已经忘得一干二净了。这不免引起达尔文的思考，非白种人社会能不能依靠自己的发展而进步呢？还是永远处在未开化状态？按照西方当时流行的观点，这显然是不行的。问题出在哪里呢？生物上的还是文化上的？达尔文也搞不清楚。但是这件事显然会促进他去思考人类本身的进化问题。当然啦，现在这个问题就属于政治不正确了。世界上所有的人基因差异都不大，我们人类都是同一个物种，是不存在高低贵贱之分的。

通过了西风咆哮的德雷克海峡，绕过火地岛，贝格尔号进入了烟波浩渺的太平洋。达尔文哪知道，他将碰上一场大灾难，他也将充分见识到大自然的火爆脾气。

贝格尔号一路扬帆向北航行。这年夏天，来到了奇洛埃岛的圣卡洛斯港，在这里他们住了两个星期，拔锚启航去了下一站，智利的瓦尔帕莱索。在瓦尔帕莱索碰上老朋友理查德·科尔菲德。他乡遇故知，当然非常高兴。他在好友家里住了好多天，地上总比船上舒服多了。到了港口，赶快收发信件。汉斯罗寄给他的信足足晚了一年半才收到。他还要赶快写信给家里，心里挂念父亲母亲和兄弟姐妹。积攒的手稿和标本要寄回去，在船上的记录已经有600页之多了。

在瓦尔帕莱索，达尔文经常出门做考察旅行及游览，港口后面就是巍峨的高山，城市看上去很漂亮。这里气候宜人，雄伟的科迪勒拉山系横亘在远方的天际。这条从北到南纵贯南美大陆的伟大山系成为南美大陆的脊梁。再往远处望去，可以看到高耸的阿空加瓜峰。

智利这个国家非常特别，南北长4200公里，东西却很窄，最窄的地方大约90公里，最宽的地方也不过才400公里，是世界上最狭长的国家。这倒不是人家别出心裁，把国家搞得这么窄。那是因为南美洲西海岸有一条雄伟的大山脉叫安第斯山脉。安第斯山脉是纵贯南北美洲的大山系科迪勒拉山系的一部分，从山脚下到海岸边，只留下那么窄窄的一条稍微平坦一点的地方。智利南部还有那么一点儿平原，北半部全是连绵起伏的山脉。山脉的缝隙里有小块的平地，就是人类的聚居区和城市。

达尔文不喜欢在城里看人，他喜欢野外考察。8月中旬，达尔文又一次外出去考察旅行，目的是考察科迪勒拉山脉的地质情况。在西海岸，他注意到贝壳层里面的泥原来是海里的淤泥，里面充满了很多海洋生物的残余物。他断定，这里的海岸曾经上升过。在南美洲，达尔文不止一次看到这种沧海桑田变化的遗迹。他更加信服莱伊尔的渐变论，大地在缓慢地抬升。

在雄伟的科迪勒拉山脉和海岸之间，还有一些小山脉，还有不少的河流和峡谷。登上山顶，可以看到远方的港口。他下山的时候发现山谷里有不少铜矿场，开采铜矿的工人们很苦。当然，那些奴隶就更苦了。他们炼铜时，并不能把所有的铜都提炼出来，不得不丢掉大部分，因此效率很低。智利现在是世界上最大的产铜国，当然，早就不是过去那种原始的状况了。

下山以后，达尔文去了首都圣地亚哥。离圣地亚哥不远，就是南美第一高峰阿空加瓜峰。这座高峰按照国境线算是在阿根廷境内，但是离智利边界特别近，山有将近7000米高，是名副其实的南美第一高峰，也是西半球第一高峰、南半球第一高峰、亚洲以外第一高峰，类似的头衔可以列出一大串。当然啦，要跟青藏高原上那一堆8000米以上的高峰比，就排不上号了。

图 36　阿空加瓜峰

达尔文并没有登顶，只是在山腰上望了望，看着山顶上白雪皑皑，云雾缭绕。他总觉得这是一座活火山。达尔文这一回可就错得离谱了，阿空加瓜峰是火山不假。但是已经几十万年没喷发过了，是一座公认的死火山。人类从来就没看到过这座火山喷发。大风吹起了山顶上的冰雪颗粒，他就以为是山顶上冒烟，其实不是这样。

达尔文没有到山顶亲自考察一番，所以才会犯下这样的错误，不过这也不能怪达尔文，在达尔文的有生之年，人类还没有成功爬上去的记录。1817年，西班牙组织军事登山队也只爬到了6000米的地方。1897年才有人爬上了山顶。不过在更早的16世纪，有个7岁的小孩爬到了 4800 米左右。1985 年，人们发现了这个孩子的遗骸。当然啦，也没人能弄明白一个娃娃为啥要爬那么高？

闲言少叙，达尔文下山以后就大病了一场，在朋友科尔菲德家里一病不起。幸好有个朋友悉心照料，达尔文才恢复了健康。这一待就是两个月，一直到 10 月底病才好。

就在这时候，出麻烦了。菲茨罗伊船长闹情绪撂挑子不干了！这是怎么回事儿呢？菲茨罗伊舰长为加快测量速度，在南美洲东海岸，花了 3650 英镑租了两艘纵帆船。后来，因为测量需要，菲茨罗伊又花了 1300 英镑买下了一艘洛乌船。他原以为海军部会同意这两项开支，这都是公事，海军应该负责报销。没想到，海军部来信说，他们不同意租船，并要他尽快解雇所租船只及人员，已经花掉的钱也不给报销。菲茨罗伊对海军部的这一决定十分不满。他一心为了工作，希望能够很好地完成海军部布置的繁重测量任务，完全出于公心，本来有人建议，是否先请示一下海军部，听听他们的意见。为了争取宝贵的时间，他来了个先斩后奏，他满以为海军部会同意的，没想到遭此结果！再加上海上繁重的测量及管理工作，身体消耗太大，身体极为疲惫，他甚至产生辞职不干的想法。按照达尔文的看法，这纯粹是党派之争。菲茨罗伊是托利党，海军领导是辉格党，相互找麻烦。菲茨罗伊连辞职报告都写了。毕竟人家才不到 30 岁嘛，搂不住火也不奇怪。

达尔文心里很担心，菲茨罗伊要是不担任船长，那么就不能做环球航行，只能测量完南美洲海岸以后就原路返回，这正是达尔文所不希望的。好在大副心地善良，一点儿都没有借此上位的意思。他说全体船员都想绕地球一圈回家，不想半道儿走回头路。他当船长肯定无法带领环球航行，只有菲茨罗伊能做到。全船上下一顿劝，菲茨罗伊收回辞职信，乌云散了。

11 月下旬，他们又一次来到了奇洛埃岛东部。达尔文在海岸上发现有人居住过的痕迹。在一段悬崖的凹进处，他发现了一个用草堆成的草铺，上面有人曾经睡过的明显痕迹，不远的地方还有烧草留下的灰烬。岩石上有斧子砍过的痕迹。难道附近有人？贝格尔号航行了几天以后，发现海滩上真的有人，两个人衣不遮体，食不果腹。但是张嘴说话还是英语，大家都能听懂，闹了半天是俩美国人。原来美国人是来这里捕鲸的，捕鲸船撞到暗礁上，船被撞得粉碎，他们成了落难者。另一个伙伴曾经攀过陡崖，结果失足摔死了。其余两个用燧石取火，以海豹和软体动物为食物，勉强活了下来。他们有两把斧子和几把刀，在野草搭成的简易窝棚里已经住了 1 年零 3 个月了。他们早也盼，晚也盼，盼救援，脱苦难，贝格尔号来到面前！原来这二位是现实版的鲁滨孙。在那个时代，海上遇难等待救援的事各国都有。依照惯例，贝格尔号带上这两个美国人又出发了。

南边还有一连串的群岛要去考察。转了一大圈，再次北上来到了奇洛埃岛。达尔文晚上看到了岛上的奥索尔诺火山喷发的壮丽情景，喷发一直到半夜才停止。透过望远镜看得清清楚楚。智利火山之多，是难以想象的，安第斯山脉有一连串的火山。海岛上也有火山。达尔文亲眼看到了火山的喷发。后来他一打听，原来那天不止一座火山喷发，达尔文的游记里面就记录了阿空加瓜峰也喷发了，这是他听说的，估计他搞错了，阿空加瓜峰到现在也没有过喷发的记录。不过他听说的另外一桩事儿可是真的。那就是科西圭那火山也喷发了，这座火山远在中美洲的尼加拉瓜。在达尔文看来，三个火山相隔那么远，可是居然同时喷发，这太不可思议了，这其中一定有深层次的联系。当然，达尔文怎么也想不到联系在哪里。因为那时候还没有板块学说和大陆漂移学说呢。我们现在当然知道智利在环太平洋火山地震带上，地震、火山喷发都是常有的事情。

贝格尔号继续向北航行，到达了瓦尔迪维亚。这也是个港口。但是港口不在海边，而在一条河里。这个城市号称"智利的威尼斯"，也是一座水城。平日里安静漂亮，名胜古迹很多。西班牙人还建有炮台，1810年闹革命，西班牙人跑了。炮台上的大炮仍然架着，军官们拍胸脯保证能打响。达尔文凑过去一看，恐怕放一炮，炮架子自己就塌了。

1835年2月20日，灾难突然降临。大地突然开始剧烈颤抖。当地人也从来没有经历过这么厉害的地震，人都站不稳了。达尔文后来记述，自己开始怀疑脚底下的大地是不是真的有那么坚固。大地震的时候，地面好像是一层漂浮在液体上的薄壳。这两分钟时间显得那么漫长，海水先是涌向高潮线，然后又退去，并没有产生巨浪。

这一次地震，瓦尔迪维亚是幸运的，因为它的地理位置并不直接靠海，港口是在一条河里，海啸并没有直接冲击到城市。但是瓦尔迪维亚又是不幸的，一百多年后的1960年5月22日，发生了观测史上规模最大的世界第一大地震，里氏9.5级，引起的海啸侵袭了智利、夏威夷、日本、菲律宾、新西兰东部、澳大利亚东南部与阿拉斯加的阿留申群岛，几乎横扫整个太平洋。智利海岸掀起了高达25米的海浪。智利的地理位置太容易发生大地震，这是没办法的事情。而瓦尔迪维亚是受到影响最严重的城市，这就是这座城市的不幸。达尔文当然是不会知道的。

贝格尔号逆风航行，在3月4日，到达了康赛普西翁市的港湾。附近有一个基里基纳岛，达尔文上岛考察。他在岛上听当地人描述了两个星期前大地震造成的可怕的毁灭性的破坏。海湾及城市的房屋几乎完全倒塌。地震又引起破坏力巨大的海啸，冲毁了很多建筑和房屋。达尔文亲自到地震的中心考察，他深深地被地震毁灭性的破坏力所震撼！通过亲自测量，他认为地上的很多裂缝和大面积的位移，正是大地激烈摇晃的结果。他发现好多岩石碎片被冲到了海滩上，上面长的全是深海生物。两米长、一米宽、半米厚的大石头都被扔出老远。可见这一次地震的力量有多大。

第二天，达尔文来到了康赛普西翁市。整个城市满目疮痍。虽然已经过去许多天了，但是一切都像大地震刚发生过一样。毕竟那时候人口很少，智利国家刚建立，也没有现在那么高效的救援体制。一切都保持在了地震后的那一刻，时间好像完全静止了。好在地震发生在上午 11 点，要是半夜发生，那会一个都逃不掉。十几天来余震不断，当地人仍然提心吊胆。

达尔文毕竟已经是个经验丰富的地质学家，他出门考察也已经好几年了。他敏锐地发现，整个地面都被地震给抬高了。当地人说，过去一座礁石常没在水下，现在一直露在海面以上了。显然是大地整个被拔高了几尺。达尔文认识到，大地的长高不是完全匀速的，有时候剧烈一点，有时候缓慢一点。平时那种静悄悄的变化是感觉不出来的。但是地震这种方式是完全可以感受得到。地面就是这样一次次地变高的。

听一听　　　听一听　　　听一听

第 7 章

归心似箭：从太平洋到印度洋

达尔文听到当地一个传说，火山要是长时间不喷发，那么地震就来得特别厉害。当地人认为万物有灵，火山也不例外。假如安图科火山没有被巫术封闭，地震就不会发生。达尔文认为这说明火山释放了一部分能量，可以减弱地震的效果。大地震来袭，火山旁边的震感就没那么强烈。以现在我们对火山和地震的了解来看，达尔文的这个认识可能证据不足。火山和地震都是由于地下的能量释放造成的，也经常出现在同一块地方，比如环太平洋火山地震带，但是关联性也并不明显。火山喷发经常会造成小规模的地震。但是大地震与火山喷发的关系要复杂得多，毕竟地下世界的构造稀奇古怪。智利在20世纪60年代发生9.5级大地震的时候，同时发生了火山喷发，想来不是没关联的。但是现在科学家们又发现，地下的岩浆池会阻挡地震波，这倒是与达尔文的调查结果有联系。总之，火山遇到大地震究竟会不会喷发，这就不一定了。不过，达尔文有一点说得很对，智利地震频发是因为地下有断裂带。

图 37　安图科火山

图 38 羊驼（网络传说中的神兽）

旅行还要继续，达尔文一路上都在到处考察，少不了要翻山越岭。行李都是羊驼在背着。羊驼这种神兽，在南美很常见。智利虽然地震不断，火山也很多，但也不是没赚到便宜，丰富的矿藏就是老天爷赐予的财富。智利金、银、铜的矿脉都很多，达尔文多次碰到河谷里的淘金者。

达尔文这一路走的都是陆路，贝格尔号另有公干，他们约定了汇合的时间和地点，到时候碰头。既然船还没到，他就先去智利的北部考察了。智利北部的沙漠地带极端干旱，甚至一年都不下雨，空气非常干燥。此地属于阿卡塔玛大区管辖。现在这个地方可是世界上最好的天文观测地点之一，世界上最大的光学望远镜也将落户智利。天文观测，最怕阴天下雨或者多云的天气。达尔文当然无法预料日后此地居然成了天文观测的风水宝地，他只是觉得此地条件恶劣，到处都没有水源。当年山上开凿的灌溉系统，现在都已经荒废了。他花高价才买到几捆干草，勉强喂饱了羊驼，否则都无法回到港口了。

7 月，达尔文终于和贝格尔号汇合了。令他吃惊的是，菲茨罗伊船长不在船上。他去哪儿了？原来，菲茨罗伊船长还有一副侠肝义胆。他听说英国军舰"挑战者号"在智利海岸遇难了，不但船翻了，船长和全体船员也被印第安人扣了，他不能袖手旁观，他冒充领航员混了进去，找机会救出了自己的同胞。这个菲茨罗伊还真是有两下子。

贝格尔号继续前行，停靠在了伊基克港，前方就是秘鲁。本来他们应该去秘鲁继续考察的。但是他们一打听，秘鲁现在国内乱糟糟的。4 个将军打来打去，正在军阀混战。达尔文只在海岸附近比较安全的地区考察了一番就匆匆离去了。

既然秘鲁比较混乱，只能去周围的岛屿上溜达溜达。贝格尔号劈波斩浪，指向了加拉帕戈斯群岛。行驶了 8 天，达尔文看到了加拉帕戈斯群岛的轮廓。加拉帕戈斯群岛是由十几个大岛和数十个小岛组成的。离南美大陆很远，距离大概有 1000 公里。150 年前，西班牙国王查理一世曾派柏兰加主教来过这里，因为见到岛上有许多巨大的乌龟，因此得了这个名字，加拉帕戈斯就是巨龟的意思。早在 16 世纪出版的海图上已经标注出这个群岛。后来捕鲸者和海盗发现岛上有宝贵的淡水，从那时起，不断有人到岛上来。要么补充淡水，要么修船。这里地处赤道，照理说应该很炎热，但是附近有南极寒冷的洋流路过，因此气温没那么高。这些岛都是火山岛，我们现在知道了，最古老的不过 560 万年，最年轻的不过 6 万年。

达尔文第一眼觉得这个群岛非常荒凉。但是海湾里，鱼、乌龟很多，时不时就从水中探出头来。达尔文和几个水手放下钓鱼线，很短时间就钓上好几条 60 多公分长的大鱼。达尔文还在熔岩上看到了庞大的爬行动物家族。不仅有动作迟缓的乌龟，还有相貌丑陋的蜥蜴，黑压压一大群趴在一起，叠成好几英尺高。它们身上的颜色像那些黑色的熔岩一样黑，趴着一动不动，好像不是个生物，而是礁石的一部分。只有走到跟前，方知它们是活物。眼前这么多蜥蜴，达尔文竟然一只也没有抓，看来达尔文不喜欢这种颜值太低的动物。况且这种动物的气味极其难闻，船上的狭小空间内放进一个臭不可闻的蜥蜴，船员们会跟达尔文拼命的。不过也有让达尔文高兴的事，岛上的鸟儿他在以前从没见过。这些鸟与人类接触不多，见了人也不害怕。他想，如果英国的鸟类学家见到这些鸟，一定会大开眼界的。

达尔文在这里每天都有丰富的收获。他发现，海岛上的动物都有差异。这里的生物具有非常丰富的多样性。就拿大象龟来说，共有 15 个亚种。每个岛上的大象龟长得都很像，但是形态、习性各不相同。达尔文百思不得其解，为什么上帝不嫌麻烦，创造这么多种外形相似，但是略有不同的龟呢？加拉帕戈斯群岛的总督劳森告诉达尔文，他能一下子就辨认出龟是哪个岛上出产的。总督告诉达尔文，一年前，他学会了辨别的方法。各个岛上的乌龟的区别主要是背甲上拱形高低有所不同，背甲的颜色、脖子和腿的长短也各不相同。有的龟壳边缘是外翻上翘的，就像钢盔的边缘，有的是完全下垂的，一点儿不翘。

与龟的情况类似，每个岛上鬣蜥的习性也各不相同。一个岛上的海鬣蜥吃海藻，另一个岛上的陆生鬣蜥喜欢吃仙人掌，这是怎么造成的呢？按照莱伊尔的理论，动物的地理分布是受地质条件影响的。现在达尔文亲眼所见，这是活生生的事实。再回想起在安第斯山的考察，高山、大河以及大海的隔绝会造成物种的变化。安第斯山两边的物种就是有差别的。达尔文还收集了各种各样的鸟类标本。但是，因为达尔文本人的疏忽，这只鸟是在哪个岛上或什么地方捕捉到的呢？他完全没有记录，这不能不说是一个缺陷。当然，达尔文当时也没有意识到加拉帕戈斯群岛会对进化论起到这么大的作用。

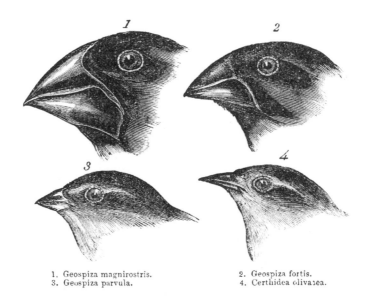

1. Geospiza magnirostris.
2. Geospiza fortis.
3. Geospiza parvula.
4. Certhidea olivasea.

图 39 达尔文雀的插图

达尔文回到英国后，请著名鸟类学家古尔德对这些标本进行鉴定。当古尔德告诉达尔文，他采的很多鸟是属于燕雀类的时候，达尔文感到异常惊讶。那些鸟的嘴巴长得可是太不一样了，有的特别宽，有的特别细，有的普普通通，有的特别短。他以为是好几种不同的鸟类。难道这都是燕雀类的鸟？当时他在加拉帕戈斯的时候显然没意识到这一点，难怪事后吃了一惊。

达尔文在加拉帕戈斯群岛考察了好久才恋恋不舍地离开了这里。贝格尔号要回英国，他们早就决定从太平洋绕道回英国，完成一次环球航行。下一阶段的目标就是澳大利亚了。途中他们路过了波利尼西亚群岛。波利尼西亚的东北角上有一连串的环礁，叫作"土阿莫土群岛"。当时属于塔西提王国，后来塔西提王国的国王被法国人废黜，这里就并入了法属波利尼西亚。20 世纪后期，法国还在这里的环礁上搞过核试验。

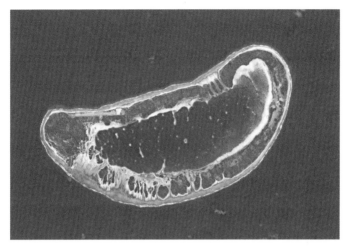

图 40　土阿莫土群岛的方阿陶岛居然是个元宝形

　　珊瑚环礁的形态真是千变万化，周围的生物也非常丰富。达尔文对这些环礁好好地考察了一番。达尔文发现这些环礁的形态非常有意思。一般来讲，太平洋里的岛屿都是火山岛。火山大家很熟悉，都是锥形山体，怎么就变成了一个环呢？这真是一个值得好好思考的问题。

　　下一站是塔希提岛，这个岛现在是旅游度假圣地，很出名。达尔文和舰上的军官们被邀请到当地传教士家做客，四周林木葱茏，十分清凉。岛屿的周围有珊瑚礁环绕。附近还有一个种植热带林木的果园，达尔文在里面散步，就像是进了伊甸园一样。

　　下午，舰长让把甲板打扫干净，一会儿塔希提岛上的人就会乘坐独木舟来军舰四周叫卖货物。果然，不一会儿，密密麻麻的独木舟就把贝格尔号围了个密不透风。塔希提人登上军舰叫卖，有猪肉、水果、鱼钩、一篮篮贝类，琳琅满目，应有尽有。他们不要英国硬币，只要美国银圆。令人称奇的是，不管什么东西，都是一个价钱——1美元！不管是买一头猪还是买一个鱼钩，价钱都一样，1美元。

达尔文避开了热闹的人群，跟着当地向导去岛上考察了一番。他采集了很多珊瑚礁标本和各种植物的标本，可以说满载而归。前不久，他收到了莱伊尔的《地质学原理》第三卷，按照莱伊尔的理解，环礁其实是个火山口，但是火山口不高，没有露出水面。火山口已经被珊瑚礁给填满了，略略高出水平面，形成了一个环。

达尔文有了实地考察的一手资料。他认定莱伊尔的解释有问题。待回国后一定要把这个问题搞清楚。果然，达尔文回国以后专门写了一本书来讲述他见到过的各种各样的珊瑚礁，特别是解释了环礁的形成方式。

按照达尔文的说法，环礁其实是个火山岛。火山岛一般都是圆锥形。在海岸线附近的海底，阳光、温度和养分都很适合珊瑚生长。于是就在周边长了一圈的珊瑚。珊瑚虫分泌出石灰石来做自己的外壳。珊瑚虫死了，石灰石的外壳还在，新的珊瑚虫在上边再分泌石灰石来当作外壳，于是珊瑚礁就这样年复一年地生长，珊瑚礁都是靠珊瑚虫一毫米一毫米、世世代代地堆积出来的。在火山周边就长了一大圈的珊瑚礁。珊瑚礁是活的，风吹日晒，海浪侵蚀，人家不怕。你磨掉一寸，人家顽强地长上去一寸。可是火山锥不是生物，无法抵御大自然的风化作用，日积月累就逐渐崩塌了。假如火山死了，不再有新的岩浆流淌出来，终归会被慢慢地抹平，渐渐地，只剩下周围一圈靠顽强的生命逆势生长的珊瑚礁了。于是，这个优美的"戒指"挺立在了海中央。环礁的内部形成了一个潟湖，潟湖里的珊瑚生长得不及边缘快，因此环礁长年累月保持着环的姿态，中间不会被填满。除非碰上某个人类基建狂魔，用吹沙填海的方式把中间的潟湖填平。

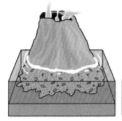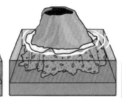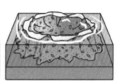

图 41 火山环礁的形成

达尔文有证据吗？有！他观察到不同阶段的珊瑚礁，有的是属于绕着火山岛生长，有的山头已经快被磨平了，侵蚀痕迹很明显，有的已经完全看不出火山的痕迹，只剩下一个环礁。过去人们以为这是珊瑚礁的不同类型。只有达尔文认为这是环礁形成的不同阶段。在当时，达尔文提出这个理论的时候，是没有办法验证的。

到了达尔文的晚年，他岁数很大了，还没忘记有关环礁的事情。他说，要是有个富翁愿意掏钱在环礁上钻个洞，下去探测一下就知道了。他乐观地估计，钻200米就应该能够打到火山岩。十多年后，英国皇家学会对富纳富蒂环礁进行了钻探，钻到340米也没有穿透珊瑚礁。1947年，美国要在比基尼岛上做氢弹爆炸实验，需要详细调查比基尼岛的地质状况。他们一直钻探到了779米，还是没发现火山岩。通过地震探测，下边应该是有火山岩的。美国人不死心，一直钻到1280米，终于发现是火山岩，达尔文的判断才被验证，时间已经过去了100多年。那个岛的水下是个3000米高的死火山，上边1280多米的珊瑚礁是日积月累堆积而成的，珊瑚虫太伟大了。

至今仍然有人在质疑达尔文的环礁学说，这也不奇怪。首先，达尔文并非不可置疑。其次是生物地质这一类复杂的问题不像物理学那么单纯。很可能这座环礁是这种原因形成的，那座环礁是另外的原因形成的，这也并不矛盾，自然界是存在多样性的。

贝格尔号再次启航了。沿着新西兰、澳大利亚这一条航线路往前航行。过了新西兰以后，来到了澳大利亚，船到了悉尼港。他马上感觉到，澳大利亚明显比南美洲要强多了，达尔文很自豪。英国人才开发了几十年，社会发展水平就已经远远超过了西班牙人经营几百年的南美洲。当时的悉尼已经初具规模，是个很漂亮的城市了。

达尔文深入大陆，来到了远离海岸的一片牧区，前面有个城镇，看上去与英国小镇似乎也没什么不一样，只是酒馆有点儿多。就在此时，他看到一队全副武装的士兵押着大批犯人从这里路过。囚犯们全都带着脚镣，身上也用铁链子捆着，前后捆成一长串，走向远方。在这一瞬间，澳大利亚才显露出了它的真实身份，这里曾经是囚犯的流放地。

一开始，英国把犯人运到北美，后来北美独立了，只能往澳大利亚运，落脚点就在新南威尔士。澳大利亚最开始是个非常艰苦的流放地，当时连粮食都不能自给，全要从雅加达甚至英国本土运过来，后来还发生了兰姆酒叛乱。随着澳大利亚人口的增多，情况渐渐好起来了。大批犯人刑满释放，他们也就留在当地不走了。由此引起了很多自由移民的不满，他们不打算与刑满释放分子为邻。好在澳大利亚海岸线很长，自由移民大可以自己另寻住处，有的是地方可去。1820 年以后，英国正经八百拿澳大利亚当自家的殖民地，不再把它当作是犯人流放地来对待了。当然，仍旧在服刑的流放犯人还是有不少的。

达尔文见到了当地的土著人。这里的土著人看上去比火地岛的土著人强得多。达尔文给了他们一个先令，他们还挺高兴。土著人都是好猎手，在草原上追踪动物、追踪人的本领高超。当然达尔文发现他们不盖房子，也不种地，甚至居无定所，平素里就在草原上到处流窜。英国人白送给他们的羊，他们也懒得照顾。土著人有自己的生活方式，千百年来也都是这么过的。

很多土著人的领地都已经被白人穿插分割了，土著人的生活地域被分割成了不连续的一小块一小块。土著部落之间还会不断地爆发战争，互相打仗。达尔文发现，酒精的引入对土著有重大的影响，酒精可能与人口下降有关。当然，引起土著人口下降的因素有很多，达尔文注意到，即便是麻疹这样的病，对土著人也是致命的，婴儿死亡率也很高。环境的改变导致野生动物不断减少，毕竟来了一大批野心勃勃的欧洲白人，他们带来了羊和兔子，这两种动物虽然是吃素的，但是在挤压本土野生动物的生存空间方面，还真都不是吃素的，更别提野狗这种喜欢吃肉的动物了。

千百年来，澳大利亚的土著人与动物之间维持着基本的生态平衡，如今野生动物减少，土著猎人们可就饥一顿饱一顿了。达尔文发现了一种奇怪的现象，欧洲人去哪里，哪里的土著人就要消亡，从南北美洲到塔斯马尼亚都是如此。

图 42　鸭嘴兽

澳洲的本土动物非常独特，特别是大袋鼠。可是运气不好，达尔文一只都没看见。别说袋鼠了，连个野狗都没看到。不过他们倒是看到了鸭嘴兽。鸭嘴兽让欧洲的博物学家脑袋疼，说它是个哺乳动物吧，它会下蛋。说它不是哺乳动物，它会喂奶，它的孩子是喝奶长大的。身份模糊，让人困惑不解。达尔文抓到一只想做成标本。但是鸭嘴兽死了以后头部和嘴会变硬，而且会变形，与生前形状不一样了。做出来的标本失真比较大，达尔文只得作罢，那只鸭嘴兽，算是白死了。

澳大利亚是最小的一块大陆，要说澳大利亚是最大的一个岛似乎也没问题。澳大利亚南北、东西差不多长。周围海洋的水汽想跑到大陆的中心非常困难。因此澳大利亚一部分边缘地带环境优美，中心是戈壁沙漠，达尔文他们再往内陆深入，看来已无必要，他们又返回了海岸。

达尔文倒是对这样一个新的社会很感兴趣。澳大利亚当时是个生机勃勃的大陆。到澳大利亚来的也就是三种人，军队士兵、被看押的犯人、冒险家。没有冒险精神，谁敢背井离乡远赴海外啊。吸引冒险家来此淘金的正是澳大利亚的发财机会。达尔文观察到，一个人在澳大利亚艰苦奋斗干上一阵子，所得财富是英国本土赚的财富的 3 倍。3 倍的利润是非常诱人的，所以澳大利亚上上下下最在乎的就是一个字——"钱"！人人都在谈论着羊和羊毛的数量。全国上下都养羊，澳大利亚产的羊毛是出名的，但是这玩意儿终究是有限的，澳大利亚有丰富的煤和铁，将来还是发展制造业比较好。他哪能想到 180 年以后，澳大利亚的羊毛、煤铁都卖给了中国人，中国成了制造业中心。

总之，前途是光明的，道路是曲折的。达尔文判定，澳大利亚将来一定是南半球的商业中心。现在看来，这个判断是准确的。南半球本来国家就少，南部非洲和南美都没戏，也就只剩下澳大利亚了！

图 43　椰子蟹

　　船从澳大利亚出发，进入印度洋。达尔文在科科斯群岛上看到了椰子蟹。椰子蟹是最大的陆生螃蟹，能长到 1 米长，善于爬树，喜欢吃椰子，举着两个大钳子，能轻松地把厚厚的椰子壳给剪开，的确是很厉害。达尔文把科科斯群岛叫作"流浪物种的天堂"。大家不妨想一想，科科斯群岛的位置很偏远，离澳州大陆和苏门答腊都很远，起码有 1000 公里。那么岛上的动物植物都是怎么来的呢？珊瑚岛的年龄都不会太漫长。必定是晚于周边大陆，这么小的岛上自己蹦出动植物，想想也不可能。所以，岛上的动植物是从别的地方来的。上千公里的海洋是如何被跨越的呢？它们是漂来的。

　　椰子壳为什么那么厚？榴莲的壳子为什么长得像个蒺藜锤？这都不是偶然的。因为这些植物的种子都要在海上飘出去好远，要从这个岛漂流到那个岛，皮不厚撑得住吗？科科斯群岛就是这些漂流物种的收容站。达尔文还发现，就连爪哇沿岸的独木舟也被海流冲到了科科斯群岛。科科斯群岛的物种都是东南亚一带常见的物种，都是海上漂流过来的。达尔文分析洋流方向，发现随波逐流根本不能保证走直线，弯弯曲曲漂了 3000 公里也有可能。科科斯群岛动物很少，鸟类多半是水鸟。飞累了就落在水上，抓个鱼也能充饥。陆生的鸟类一种也没有。遥远的距离就成了一个大过滤器，只有少数动物能来到这里。

那么，岛上有没有陆生动物呢？还真有，老鼠嘛。人走遍天涯海角，老鼠也一路相伴相随。既然有老鼠，是不是也要弄个猫来对付一下呢？于是，有好事者船载以入，猫也来了。岛上还有一群马来人，他们是被奴隶贩子给骗来的。后来逃了出来，他们名义上自由了。但是生活依然凄苦，岛上的家畜就是他们养的，这也算是少有的陆生动物了。

从科科斯群岛出发，下一站是毛里求斯。毛里求斯环境优美，在这里达尔文第一次骑了大象，这倒是很特别的体验。不过贝格尔号的水手都已经是归心似箭了，也就没有多耽搁。下一站就是南非，军舰必须绕过好望角才能进入大西洋。1836 年 6 月 3 日，达尔文去拜会了正在南非观测星空的约翰·赫歇尔。赫歇尔家族声名显赫。老爷子威廉·赫

图 44　约翰·赫歇尔

歇尔是天王星的发现者，也是一个出色的望远镜制造者。约翰·赫歇尔是老爷子的儿子。他带着妻子和三个孩子来南非观测南天的星云和星团。在英国本土看不见南边的天体。他在南非还观测到了哈雷彗星的回归，机会非常难得，毕竟哈雷彗星 76 年才来一回。

达尔文是赫歇尔的粉丝。约翰·赫歇尔比达尔文大了 17 岁，自然是前辈了。前辈拍拍后辈的肩膀头，小伙子好好干啊，大有可为。

能得到前辈的鼓励，达尔文当然是心里乐开了花。约翰·赫歇尔对科学严谨的态度也感染了达尔文。两个人聊起来，发现他们都看过莱伊尔的《地质学原理》，那更是有着说不完的共同话题。赫歇尔指出，莱伊尔的《地质学原理》第二卷并没有讲到新物种是如何诞生的，赫歇尔称之为"秘密中的秘密"。他写信问了莱伊尔，但是莱伊尔没回答。他鼓励达尔文去思考这个问题。在赫歇尔这个天文学家看来，一切都是自然而然的。自然的力量如果能移山填海，难道就改变不了物种吗？物种也会被环境慢慢地改变的。这对达尔文的触动也是很大的，他也深有同感。

辞别了赫歇尔，达尔文继续进发。船又一次来到火地岛，岛上的土著人还是那么原始，生活极其简陋。先前那两个在英国深造过的土著人，现在已经"泯然众人矣"。一点儿都看不出来他们曾经在伦敦住过，会说英语，会吃西餐。他们完全又变回了原来的样子。达尔文一路都在沉思，我们的祖先难道一直是高贵的，有教养的吗？会不会也曾经是火地岛土著这个样子呢？难道我们的祖先也曾经茹毛饮血？达尔文不敢想下去，这么想似乎对祖先不敬，但是达尔文作为一个博物学家又实在是忍不住，他根本没办法把这个念头从脑子里赶出去。环球航行的旅程之中积累下了太多的疑惑。一大堆的碎片需要一块一块地拼起来。暂时还理不出头绪，但是达尔文已经隐隐约约感觉到有什么地方不对劲。

对英国这个航海民族来讲，大西洋基本上就和家门口差不多。再下一站就是圣赫勒拿岛了。十几年前，曾经横扫欧洲的拿破仑就病死在此地，达尔文住处离拿破仑的墓地不远。这个岛是物种入侵的典型。本来圣赫勒拿岛上有大片的森林。1502 年，羊被引入圣赫勒拿岛。86 年以后，羊已经多得数不清了。200 年之后，四处游荡的羊和野猪基本上把森林破坏了，而且还引起 8 个物种灭绝。这种远离大陆的海岛，往往有着很多本地独有的物种，这下倒好，全完蛋了。岛上726 种植物，只有 52 种是本地的，剩下的都是入侵物种。

圣赫勒拿岛前方是阿森松岛。达尔文去的时候，哪里没人，是个荒岛。现在是有人的，有美国和英国的军事基地。贝格尔号再一次经巴西和佛得角群岛回到英国。5 年了，也不知道家里怎么样了，朋友们又怎么样，达尔文还挂念着自己采集的那么多标本和资料。这些东西半途中都寄回英国，现在在哪儿呢？

听一听　　　听一听

第 8 章

婚姻生活：以后还是当宅男吧！

达尔文从船上下来以后，先把所有的东西都搬下来，在船上颠簸了好几年，晕船就一直折磨着达尔文。站在地面上一时还不适应，像脚踩着棉花一样。他赶紧叫了一辆马车赶回家，这段距离并不近。到了家附近的镇上，天色已经很晚了，他也不打算大半夜的惊动家人，就在镇上找了个旅馆住了一夜。第二天上午回到了家里。老爸见到儿子归来激动万分。看啊！这孩子长大了，成熟了。达尔文的一群姐妹们也围上来了。弟弟的气质与离家的时候，已经完全不一样了。离家前不过是个大孩子，总是无忧无虑的。现在已经是一个经历了雨雪风霜，经受过考验的成年人了。达尔文已经成长为一个能够自己提出问题，并且一一解决的学者，有着敏锐而细致的洞察力。

达尔文好好地休息了几天，开始整理自己这几年的资料。他有一系列的写作计划，首先是有关贝格尔号航行的报告。还有一系列关于地质学的著作，比如《火山岛的地质》，去了那么多火山岛，还亲眼见过火山爆发，当然应该写一本专著。还要写《南美洲的地质》，毕竟他沿着科迪勒拉山系走了一趟。还有《珊瑚礁的理论》，要让大家了解一下岸礁、堡礁、环礁的关系，珊瑚礁跟火山有什么关系。加拉帕戈斯群岛上的稀奇古怪的物种自然也少不了。还有一路上写的《旅行日记》也要出版发行，要写的书就有一大堆。

他还有大量的标本要拿到剑桥去，先前寄给汉斯罗的一大堆标本也要集中到剑桥。因为剑桥的学者特别多，研究鸟类的、研究花花草草的、研究化石的专家非常多，你总能找到帮得上忙的人。达尔文还有一千多个标本没有剥制，只是做了防腐处理。各大博物馆也不愿意收藏，连存放问题都要自己解决。那么多的标本还要一一分类鉴定，达尔文一个人根本忙不过来。况且他也不是样样精通。好在有汉斯罗在剑桥坐镇，动用了各种关系，找各路权威专家进行分析鉴定。欧文倒是对南美的哺乳动物特别感兴趣。格兰特对珊瑚感兴趣。达尔文在潘帕斯草原挖出来的大型哺乳动物的化石就交给了皇家外科医学院博物馆收藏，那儿有个骨骼化石标本库嘛。

有一个人迫不及待地要见到达尔文。谁啊？莱伊尔。达尔文还没回来的时候，莱伊尔就开始盼着见到达尔文。这是为什么呢？达尔文是莱伊尔的知音啊！汉斯罗在聚会的时候，把达尔文写给他的信透露了出来，详细讲述了达尔文信里描述的所见所闻，以及达尔文的思考。这马上就引起了莱伊尔的极大关注。现在支持他的《地质学原理》的人没几个，达尔文就是其中之一，这是"战友"啊！况且达尔文环球航行的所见所闻，对丰富和发展自己的地质理论有很大的益处。

莱伊尔写信请达尔文到家里做客，达尔文也是莱伊尔的粉丝啊，他当然很开心。两个人一见如故，成了一辈子的好朋友。汉斯罗和莱伊尔一起帮着达尔文四处奔走，英国财政部批了 1000 英镑费用，资助他出版一部《贝格尔航海动物学》，算是有了官方支持。这部书分了五卷：第一卷《哺乳动物化石》欧文执笔；第二卷《哺乳动物》沃特豪斯执笔；第三卷《鸟类》古尔德执笔；第四卷《鱼类》詹宁斯执笔；第五卷《爬行类》贝尔执笔。

这些书都是由名家出手，果然是大不一样。1839 年到 1943 年之间，这些书都陆续出版了。达尔文的名气也就越来越大，应酬越来越多，宴会越来越多，他总觉得这是在虚度光阴，不能这么浪费时间了。于是他搬家去了伦敦，这期间他的主要工作是在写他的一本新书，叫作《一个博物学家的日记》。现在人们要想了解他环球航行的经历，这本书是非常重要的资料，他没有按照航行路线去写。因为在南美洲海岸线上他们走了太多的回头路。拜访火地岛就有好多次，所以达尔文全都是按照考察地点合并起来写的。

达尔文写书的速度很快，这倒不是他手脚麻利，而是因为他在航行途中就在整理他的日记。现在不用花太大的力气，他画的那些插图需要雕版才能印刷。因此这个过程很长很慢，不过达尔文看到印刷校样的时候，别提多开心了。自己写的文章变成印刷的，感觉好极了。

在伦敦的这些日子，达尔文受邀出席了各种各样的讲座，在南美洲碰上一场大地震，你总要说说吧，英国很少有地震，大部分英国人没经历过。这个报告得到了地质学界的好评。但是，渐渐地达尔文的身体不行了。达尔文出现了消化不良、头晕眼花和易受刺激的毛病，这些毛病伴随了他一辈子，连续四十八年，天天如此。

现代无数的史学家和医学家隔空为达尔文会诊。有说他心理有问题的，也有说他砷中毒的。过去有的药品的确含有砷。在当时，一旦砷中毒，只会越来越重。可是达尔文的毛病时好时坏，并不是一路坏下去，看起来又不像是砷中毒。有人说他在南美感染了"锥形虫"，这当然也有可能，他在途中那场大病的确有些蹊跷。也有人说他是"乳糖不耐受"，当时没人知道存在这种病。说达尔文是罕见的成年以后，突然变得乳糖不耐受的欧洲人，所以这一切症状都是过敏反应。也有人说他得了克罗恩病。后来达尔文受的那个罪就别提了，各路大夫什么偏方都用了，全然无效。达尔文也就不得不在家静养，当个宅男。

宅男岁月也有意想不到的好处，那就是与别人联系不得不通过书信往来。这样就留下了一万多封白纸黑字的信件，这些都是非常宝贵的文字材料。现在可没有人会连续保留40年的聊天记录和电子邮件，而且还分门别类整理得井井有条，达尔文坚持整理了一辈子。

达尔文在伦敦的这段日子，过得很不舒服，伦敦的环境也在雪上加霜。1840年的伦敦可不是个宜居的城市，受到家庭和工业燃煤烟尘的污染，人们咳出的唾液都是黑色的。成千上万的烟囱制造了浓浓的黑烟。"大烟雾"迅速变成"大窒息"，伦敦总是被浓雾环绕。路上马

图 45　伦敦的大雾居然成了莫奈的最爱。画了上百幅，终成名画。

粪堆积，墙根底下污水横流，根本没有像样的下水道系统，时不时暴发肠道传染病，城里密集的木质房屋还经常闹火灾。有钱人都住在幽静的乡村别墅，谁还愿意住在城里。

达尔文的身体撑不住了，他到外地去旅行修养了一段时间，顺便去舅舅家里拜访一下，一大群的表姐妹，都缠着要他讲环球航行的故事。其中有个女孩子听得特别用心，这就是他未来的妻子爱玛，不过在当时，达尔文根本无暇往这方面想，要做的事情很多。这一时期，达尔文开始写物种进化方面的笔记。这东西不是拿来发表的，只是每天把自己的思考记录下来。他从莱伊尔那里学到了一招，每工作两个钟头就休息休息，出门溜达一趟，或者干点儿别的事，劳逸结合有助于提高工作效率。

即便是休息，他也是在阅读中度过的。看看闲书也是一种放松。他手边就放着一本马尔萨斯的《人口论》，时不时就翻一翻。简而言之，马尔萨斯的人口学说提出了一个观点，人生孩子属于旱涝保收，那个时代，一对夫妻生十个八个都是正常的。假如代代如此，要不了多久人口就会翻倍。可是土地上生产的粮食不可能动辄翻倍。人口的增长是按照几何级数在上涨。可是生活资料的上涨是算数级数的上涨。显然人口上涨要比生活资料上涨得快多了，很快就会出现"人口过剩"，大家都

图 46　马尔萨斯

要饿肚子，这就是所谓的"马尔萨斯陷阱"。马尔萨斯也开了一些药方子，碰上人口过剩该如何处置呢？

1. 啥都不管，这是自然规律，没辙；

2. 剥夺过剩人口的生存权与生殖权，人穷就别生孩子了；

3. 拥护财产私有制。

这几条看上去够冷血，也难怪马克思、恩格斯把马尔萨斯骂得狗血喷头。当然达尔文看在眼里记在心里，这个理论给了他不少启发。他暂时还没打算把自己的想法写成文章发表。但是他已经开始收集和记录有关物种起源问题的一切材料了。

1838 年夏天，达尔文显得心事重重。这件大事，达尔文也不得不考虑。他在一张小纸片的后边用铅笔写写画画的。他想什么呢？他想结婚了。跟谁呢？不知道。怎么想结婚还不知道跟谁结啊！达尔文这个人，比较特殊，他列了一张清单在那里打钩打叉！

结婚	不结婚
有小孩（如果上帝允许的话）。有终生伴侣（和到老的朋友），喜欢你，有个让你爱、跟你玩的对象，再怎么样都比养只狗好。有个家，还有照顾家的人。迷人的音乐和女人叽叽喳喳的声音，这些对一个人的健康是好的。要为小孩花费，烦心或许还有争吵，会失去大量时间。焦虑和责任，花在书上的钱更少，如果有很多小孩就得节省过日子。	没小孩，没有第二个人生。老了没人照顾。有想到哪就到哪的自由。无法在傍晚看书。肥胖和无所事事。一个人容易工作过度，这对健康很不好。

最后的观点论述是：

"天啊，想到一个人的一生就像一只中性的蜜蜂一样不停地工作、工作却一无所获，这实在令人无法容忍！不，不，不该这样。设想一辈子就孤独地生活在伦敦烟熏肮脏的房子里……只要想象你自己有一个美好温柔的妻子，坐在温暖的火炉旁的沙发上，有书，也许还有音乐……结婚——结婚——结婚。证毕。"

我们看到了达尔文的论证过程，说他理性吧，明显逻辑不通，说他不理性吧，那你为什么列表来打钩打叉呢？况且，还有个大麻烦，达尔文该找谁结婚呢？达尔文的选择范围并不宽，也就是在表姐妹里面挑。达尔文家族和维奇伍德家族一直有联姻的习惯。维奇伍德家族经营着一家陶瓷厂。到现在还是英国的著名高档瓷器名牌，是英国王室御用瓷。看岁数和脾气秉性，那也只有维奇伍德家族的小女儿爱玛比较合适。她比达尔文大了9个月。他俩早就认识，双方对彼此都有好感。达尔文由父亲陪着一起去了他表姐家里提亲。两家人都很高兴，这两家是属于亲上加亲。达尔文和爱玛不但是表亲，爱玛的哥哥还娶了达尔文的姐姐，本来就是联系紧密的一家人。

爱玛本人也很激动，她在给姨妈的信里描写了自己的心情，她出门去教堂做礼拜，走到半道又折了回来，她满脑子全是达尔文，走路两眼发直，看不见路上的行人和车马，已经无法集中精力干别的事，不得不折回来。可见她喜欢达尔文到了什么程度。

唯一有点麻烦的是宗教信仰问题。爱玛是个虔诚的基督徒，但达尔文不是。虽然他上过神学院，但是环球航行回来以后，他就不怎么信上帝了。人的思想都是层层递进的，不会"砰"的一声发生突变。达尔文也是一样，一开始是不信圣经。觉得圣经不见得是上帝的意思，这手抄本不知道是谁整出来的。后来就发展到对上帝敬而远之。比如说造物这事，就不用麻烦上帝亲力亲为了。

达尔文的老爹也不怎么信奉上帝。他私下里问儿子，跟未婚妻说了吗？达尔文说："我全都坦白了，不行吗？"达尔文他爹一听，大事不好。他自己不信上帝这事儿当年也没敢明确告诉过达尔文的妈妈，这么多年就这么凑合过下来了，这也是免得老婆担心。达尔文倒是坦白了，爱玛也知道他不信上帝。不过爱玛后半辈子的精神负担都很沉重。她担心啊，百年之后，她多半是可以上天堂的，达尔文不信上帝，注定了是要下地狱的。两个人岂不是就不能在一起了吗？嗨！这想的也太远点儿了吧。

达尔文和表姐爱玛还真是般配。两个家族也都很高兴，亲上加亲那是好事。维奇伍德家族倒也大方，一出手就拿了 5000 英镑给爱玛当嫁妆。当年这 5000 英镑值多少钱呢？我们必须看看那个年代的收入情况。

达尔文是 1839 年结婚的，恰好查尔斯·狄更斯在 1838 年出版了一本名著叫《雾都孤儿》，时间上很接近。因此这本书里描写的经济状况可以给我们一个非常直观的印象。按照《雾都孤儿》之中的描写，

图 47　爱玛和查尔斯画像拼合

收养一个孤儿需要获得每周 6 便士的补贴，养一个孤儿用不着 6 便士，有 4 或 5 个便士也就差不多了。1 先令 =12 便士，20 先令 =1 英镑。即便是满打满算按照 6 便士来计算，那么一年撑死了也才花费不到 2 英磅，这可是一个孤儿一年的生活费用。《福尔摩斯探案集》描写的时代就比较晚，大概是 1886 年以后柯南道尔才写出了第一部小说，一个家庭女教师的收入大概是一个礼拜 1 英磅。所以我们看到那个时代英国人的工资已经涨了不少了。即便是这样，一年也才只能挣到 50 多英镑。那么五千英镑的钱，足够 100 个普通英国人生活一年了。

爱玛的嫁妆就有 5000 英镑，达尔文的岳父还很慷慨地每月补贴生活费 400 英镑。达尔文家也不甘示弱，他的父亲给了 1 万英镑用于投资，他们一年能有 2 千英镑的收入。当时的医生或者律师这种高薪人士，不过也才 1500 英镑的年收入。达尔文衣食无忧，财务自由，那是一点都不假。

别看爱玛是个大户人家出来的小姐，但是操持起家务，那可是一把好手啊！起先他们把家安在了伦敦城里，爱玛把家里收拾得非常温馨，达尔文住得也非常舒适。于是他们就在伦敦过上了深居简出的生活。他们一共在伦敦住了4年，在这4年里面，爱玛生了两个孩子。要知道，达尔文一辈子可是有10个孩子，所以他的妻子爱玛就一直在怀孕——生孩子——带孩子的过程中度过的。不过达尔文的身体倒是越来越差，因此他们在伦敦这种大城市住着实在是不适合了，所以决定搬到乡下去住。他们就在乡下靠近达温村的地方买下了一栋庄园，离村子有几百米远。

　　这个地方离伦敦城倒是不算太远，但是去伦敦必须坐火车。火车站在十英里之外，所以他们去火车站就变成个大麻烦，每次坐马车都

图48　达尔文温馨的家

把屁股颠得很疼，达尔文就放弃了没事儿跑到伦敦去一趟的计划。达尔文的后半辈子就宅在家里，很少出门。世界那么大，你不想去看看吗？人家绕地球一圈都回来了，还有啥没看过的？

达尔文的写作任务仍然繁重，《贝格尔号动物学》写完了，但是《贝格尔号地质学》还没写呢，先写《南美洲西海岸的上升》，然后再写《南美洲东海岸的上升》。还有火山岛啦、珊瑚礁啊，有一大堆的书要写。等这些东西都折腾完了，已经到了1844年了。达尔文有关地质学方面的东西暂时告一段落，他把全部精力转向了生物。当时他记录了许多本笔记还有卡片。有关进化的文章，他一直在写，先是1842年写完了一份35页的草稿。他没打算发表。后来他在草稿的基础上大大扩充，写了一份原稿，有231页。这份原稿就是后来《物种起源》一书的基础，连目录章节划分都基本一致。

但是谁也想不到的是，那时候年仅35岁的达尔文就已经写下了遗嘱。他身体不好，自己特别担心。万一哪天去世了，手边的事情该如何善后呢？因此他整理了好多材料，大约十几个纸夹子。打算万一不行就交给汉斯罗，或者交给莱伊尔。谁来整理资料，谁来编辑出版都已经安排妥帖。他也没对别人透露，他觉得汉斯罗和莱伊尔还有汉斯罗的女婿胡克肯定会帮他的。达尔文自己还准备了400英磅的钱当作整理资料的费用，总不能让他们白干活吧，再说出版还要花钱呢。

一方面达尔文的身体实在是不行，另外一方面他的精神压力也比较重。地质学这部分没多少争议。但是他生物学这一块的思想太前卫了，他也不敢跟别人说。他妻子爱玛倒是知道一些，但是爱玛也帮不上忙，最多是宽容地对待他。达尔文每天绕着庄园散步，每天都在沉思。莱伊尔曾经嘲笑过拉马克的学说，他认为那玩意儿压根就不靠谱，达尔文也就不太好意思把自己的想法讲给他听。达尔文开始思考该如何表达他的思想，又不至于把大家惹毛了。恰好在 1844 年，有一本书出版了，叫作《创世的自然历史遗迹》，作者是匿名的。大家都不知道这人是谁。不过大家一致都骂这本书写得不对。达尔文过去在大学的老师也骂得很起劲。达尔文未免心有余悸，看这些学者教授平时都是蛮斯文的，拍起砖来竟然这么狠啊。

《创世的自然历史遗迹》这本书到底说了什么呢？这本书提出一种"直线性进化论"，说进化是因为环境累积或者是营养改变引起的。这种学说当时在英国就被骂得一塌糊涂。一方面宗教保守派认为物种不会变，说会变的本身就是胡扯。博物学家们也不认可，因为这本书错误百出，实在是把专家们激怒了。难怪这本书是匿名发表的，作者自己也不敢露头，一下把两边都得罪了。达尔文看在眼里记在心里，可不能像这本书一样，一出来就被骂死。千万要小心谨慎。

图 49　三角藤壶属于甲壳纲蔓足动物，并不是贝类

那么，达尔具体在研究些什么呢？在写完了地质学方面的书以后，他开始研究一种蔓足动物。这种动物过去被认为是软体动物，其实不是这样的。比如藤壶，长在礁石上，也有个硬壳，其实它不是贝类。藤壶也会长在船底，造成船体外观粗糙，阻力变大。达尔文在南

美的时候，发现了一种蔓足动物，它可以在别的贝壳上打个洞，然后自己钻进去。达尔文觉得这东西有意思，在显微镜下不断地观察。他对蔓足动物足足研究了 8 年。大英博物馆的标本他全都研究了一遍，然后还托人从海外带回各种标本。他写了两本书，一本叫《蔓足亚纲的研究》，上下两卷，足有 1000 页，世界范围内的蔓足动物都被他详尽地描述了一遍。另一本叫《化石蔓足类研究》，这本比较薄，大约 150 页，主要讲的是英国发现的蔓足动物化石。这两本书一出，达尔文在生物学界的江湖地位也就奠定了，现在他在学术界已经是很牛的人。但是他那个压箱底的东西还是不敢拿出来给人看，几个比较亲密的朋友倒是知道一些。等这些工作告一段落，其他事都忙完了，达尔文开始正式考虑有关进化方面的书应该怎么写，自己的思想应该如何系统地提炼。

那时候的英国是世界上最现代化的国家。不仅工业发达，农业和畜牧业也非常发达。达尔文就从农作物开始，从家养的动物开始研究。达温村的村民们发现，最近达尔文家的大宅门里开始养鸡养鸭了，还开始养鸽子。家里还建了个温室来培育花朵。不仅如此，达尔文在收集各种奇怪的动物，比如碰上特别怪异的鸡鸭鹅，死了以后千万别处理掉，尽量给他寄过来。皮肉腐烂了不好保存，但是骨头可以保留下来做标本。

不仅如此，达尔文还开始学习养鸽子的技术，许多人也都愿意跟这个有礼貌有教养的老爷聊天，还告诉他好多培育鸽子的方法。达尔文最关心的还是育种部分，鸽子怎么杂交啊？怎么选出优秀的品种啊？他都特别有兴趣。达尔文人缘很不错，一来二去的，周围育种专家都跟他混熟了。他还参加了两个养鸽俱乐部。大家也乐意把自家的优良品种传给达尔文家。达尔文可不仅仅是在玩鸽子，他的研究非常深入。3000 年前古埃及人就开始驯养鸽子了，历史很悠久。各个品种谱系传承很清晰，这样就容易研究。在欧洲和英国培育出了许多种鸽子，有鼻瘤的、没有鼻瘤的、毛领鸽、胸球鸽、短嘴翻空鸽、扇鸽……品种太多了。它们的外观习性甚至骨骼都不太一样。但是这些品种都有明确的记录，都是岩鸽的后代。这种岩鸽在岩石山洞里筑巢，从欧洲到南亚都有分布。

不只是鸽子，达尔文还研究了狗和马，在维多利亚时代掀起了宠物热，许多狗的品种就是那时候培养出来的。如今狗已经有好几百个品种了。越是差异大，越是稀奇古怪，对达尔文的研究就越有帮助。这些狗不管长成什么样子，大家都很清楚，它们的祖宗只有一个，那就是狼。

达尔文不仅仅养动物，还养植物。他家温室里面养的全是兰花。兰花的品种也是非常丰富的。2006 年，兰科植物有 11 万种之多。每年杂交产生的新品种就有 3000 种。所以，兰花的形态也非常多。达尔文随时跟育种专家保持联系，他家的兰花种了好几代。

随着经验的积累，达尔文对人工选择有了比较深的认识。你看那些狗长得稀奇古怪的，还不是人慢慢筛选出来的嘛！每一代狗，长得跟上一代多少有些不一样的地方，高点儿、矮点儿，腿长腿短。只要有各种各样的差异存在，你就能从中慢慢选择你要的特征，一代一代积累起来，这是个很神奇的过程。

达尔文把人工选择分为两类。一类叫无意识的人工选择，有些事是人类无意识干出来的。比如，总是留下生蛋多的鸡。那些不生蛋的，干脆杀了炖鸡汤。但是农村大妈并没有意识到自己是在做人工筛选，选出那个生蛋多的母鸡品种，她没这个觉悟，是在不经意间进行了优选。但是，到了大规模商业化时代，人们开始有意识地筛选品种了。比如说现在我们吃的洋快餐炸鸡，原料就是白羽鸡，这就是人工筛选出来的优秀品种，这就是一代代杂交出来的。专门留下吃得少、长得快的配种，然后在下一代之中再选吃得少、长得快的继续配种。如此循环往复，就能筛选出人类需要的特性。所以，那时候的育种专家是神一样的存在。

达尔文还注意到了中国人的贡献。我们中国人是农耕民族。养蚕纺丝，一代代的选育才选出了那些吐丝质量高、产量大的品种。比较差的，干脆销毁。果树也是一样，专留果子大、产量高的做种子。达尔文还特别列举了康熙皇帝的一项实验，康熙自己也在中南海丰泽园种试验田。有一年的六月下旬，水稻刚刚出穗，康熙皇帝沿着田埂察看，忽然见一棵稻穗比别的都高，结实丰满。本来这片稻田种的是新疆玉田稻种，要到农历九月才能成熟。有一棵稻子提前 60 余天，在六月就早熟了。这使康熙喜出望外。于是，康熙把它作为种子加以收藏，到第二年试种，观察它是否早熟，果然又在六月成熟，比一般的水稻早两三个月成熟。经过多次筛选，终于搞出了不错的品种。康熙皇帝自己也很自豪。当然，他搞不出杂交稻，那是现代人干的事。

达尔文知道，假如没有丰富的变异，这些育种专家们的本领就无从施展了，选无可选了。我们都知道，龙生九子各不相同，这个变异又是怎么来的呢？这的确是一个问题。

听一听　　　听一听

第 9 章

发现底层密码：自然选择！

当时的英国是世界第一强国，是日不落帝国，整个国家蒸蒸日上，颇有世界霸主的派头。那时候的英国到处在海外扩张，在全世界有很多的殖民地，要不怎么叫日不落帝国呢！自由竞争、优胜劣汰、弱肉强食是一天到晚都在发生的事，大家并不陌生。达尔文在环球航行的途中也见过不少的动物弱肉强食的情况。印象特别深的是一种寄生蜂类，它们把卵产在了毛毛虫的体内，寄生的幼蜂长大了，毛毛虫也就死了，这当然是很残忍的事情。他觉得上帝要是仁慈善良，为什么要设计出这么一种邪恶的物种呢？不仅仅这种蜂类是这么干的，杜鹃这种鸟类也是这么干的。把自己的蛋下在别人的鸟窝里，人家替杜鹃把孩子孵出来养大。杜鹃一般比别的鸟蛋先破壳，小杜鹃一出来就到处拱，把别的鸟蛋拱出窝外，摔得稀烂，这也未免太缺德了一点儿。上帝为什么要设计出这么缺德的物种呢？因此达尔文在南美航行途中就已经不信圣经上所说的那些东西了。

达尔文还受到马尔萨斯《人口论》的影响，他知道还有"生存竞争"这么一个概念。而且当时古典经济学也很流行，亚当·斯密也提到过自由竞争推动社会进步的思想。这些思想都给了达尔文以触动。这就是当时达尔文所处的时代对他产生的影响。在自然科学方面，特别是物理学与天文学方面的成就也是巨大的。海王星的发现就是牛顿定律的伟大胜利。太阳系的这第八颗行星居然不是被望远镜看到的，而是从两位天才的笔尖底下算出来的，引起了整个社会的轰动。

物理学的思维方式也开始向别的学科蔓延。物理学看来很精确，别的学科要是借鉴物理学的办法是不是也可以变得更加可靠呢？欧几里得的几何学就是借助几条基本公设，在此基础上用逻辑推演建立起一个庞大的体系，物理学也是这样做的。那么生物学能不能也这么做呢？

我们人类总结自然规律无外乎两个办法，一个叫归纳法，另一个叫演绎法。归纳法是对过去经验的提炼和总结。棉花都是白的，木炭都是黑的，这就是典型的归纳法，是通过长期的观察归纳出来的。演绎法就是逻辑推理，1+1=2。达尔文借鉴这套思想开始建立自己的理论。他成功地运用了归纳法和演绎法。首先用归纳法总结出三个事实，然后推导出了两个法则。

- 归纳 1：自然界物种具有高度繁衍的趋势；
- 归纳 2：实际上各个物种个体总数基本保持稳定；
- 演绎 1：生物界必定存在一种大量使生物死亡的方式，这种方式应该就是"生存斗争"；
- 归纳 3：生物都会发生变异，有的变异是有利的，有的变异是不利的，不少变异是可以遗传的；
- 演绎 2：有利的变异会获得更强的竞争优势，有机会留下更多的后代，具有不利变异的个体则被淘汰，这就是自然选择，适者生存。

达尔文一项一项地展开说明，首先举的例子是大象。大象生孩子算是比较少的，寿命也很长。假设大象能活 100 岁，从 30 岁开始生孩子，一直生到 90 岁，一共产下 6 个孩子，这并不算夸张。（甚至还比不过达尔文自己，他自己有 10 个孩子）那么 700 多年以后，这一对大象的后裔能达到 1900 万只。当然，大象是繁衍比较慢的，要是换成蟑螂的话，那就厉害了。一个雌蟑螂一年的后代能达到 10 万只。植物又是怎样的呢？比如说蒲公英，假定一棵蒲公英有 100 粒种子，掉在地里个个都能活，那么到了第 10 年，后代会有 10^{18} 这么多。一棵蒲公英占地 20 平方厘米，那么这些蒲公英占地将达到陆地面积的15 倍，这还得了？

那么有人要问了，这都是数学上的计算，的确是蛮可怕的。但是真的会发生吗？你别说，还真的发生过，达尔文去过澳大利亚。我们来看看澳大利亚的牛，一开始，澳大利亚没有牛，有好事者船载以入。1788年，带去7头牛，5只公的，2只母的。过了两百年你再看，这几只牛的后代足有3000万头牛了，这数量够惊人吧。

但是，自然界千万年来都是保持稳定的。大部分动物的数量并没有大起大落，这是个事实。大象显然没那么多，蒲公英也没有铺满陆地表面。这是怎么回事呢？第一个归纳和第二个归纳之间有矛盾。达尔文由这两个归纳做出了一个基本的推理判断。一定存在一种过程，造成物种个体大量死亡，因此每个物种的总数才会保持稳定。生得多，死得也多，就保持平衡了。关键是，这些个体到底是怎么死的？达尔文认为就是弱肉强食的生存斗争导致的。当然，达尔文用了"生存斗争"这个词，但是大家可以做更宽泛的理解。既有生物和环境的斗争，比如气温、光线、大气、土壤等自然因素，也有生物与生物的斗争。大灰狼和小白兔之间就是物种间的竞争。达尔文当时认为，真正激烈的竞争就是同种之间的竞争，俗称"窝里斗"。

以前听到个笑话，两个男人正在穿过森林，突然，一只老虎出现在远处。当中的一个人从包里拿出一双跑鞋穿上，另一个人惊奇地看着他说：你以为穿上跑鞋就可以跑得过老虎吗？他的朋友回答道：我不用跑得过老虎，我只要跑得比你快就行了。你看，这就叫作"种内竞争"。你以为这是人类跟老虎的竞争吗？不是！他们是跟自己的同伴在竞争。种内斗争是不是最激烈的呢？这可两说了。毕竟生物界不像物理学的研究对象那么单纯，生物界的事要复杂得多。

达尔文的第三个归纳就是变异问题，以前侯宝林先生的相声就说过，要是全国人民都长一个模样，那照相馆就没饭吃了。一个人拍一套，印刷一大堆，然后大家分一分不就好了。要全是长的一个模样，美图秀秀之类的 APP 就肯定不会诞生了。所以，多亏了有变异，自然界才这么丰富多彩。可是这些变异能不能传给子孙后代呢？拉马克讲"用进废退"。老爹锻炼出一身腱子肉，是怎么传给后代的呢？这又不是继承遗产，银行可以转账。肌肉无法传给儿子，到了儿子那一代就清零了。只有一代一代的变异能够积累起来，才会产生巨大的差异。微小的变异是如何传给下一代的呢？达尔文没说。他那时候也不太可能知道。不过这不妨碍他推导出了第二个推论，也是达尔文进化论的核心——自然选择学说。一方面生物拼命地繁殖，另一方面大自然在不断地筛选适合的物种留下。长此以往就出现了各种各样的物种。达尔文这么多年来，到处搞鸡搞鸭，自己养鸽子种兰花，还向各路育种专家去讨教经验。育种专家们很厉害，可以培养出各种各样特色的动物。宠物狗就有长相各异的好几百种之多。大自然里面当然没有具体的育种专家。但是，自然选择就起到了育种专家的作用。

达尔文的伟大之处就在于此。他非常漂亮地运用了归纳法和演绎法来建立自己的生物学理论体系，这是前人都没有做到过的事情。而且过去发现的很多现象都可以一一得到解释。比如说发掘出来的古生物化石与现代生物长相类似，猛犸象和现在的大象就很相似。它们本来就有亲戚关系，长得类似也就不奇怪了。加拉帕戈斯群岛上的那些物种为什么都不一样呢？因为那些岛屿之间的海流很汹涌，游泳肯定过不去，陆生动物想过去就更不可能了。按照自然选择的观点，两边的环境有差异，物种又没办法每个岛到处流窜，时间长了，进化的方向就有了差异。

达尔文又提出了一个"分歧原理"。草原上需要快捷的马，他们一代一代的都选跑得快的马留下，山区需要强壮的马，不够强壮的马都不留种。那么经历了一代一代，两边的马就开始有差异了。慢慢地就会变成不同的品种。那么多宠物狗也是这么培育出来的。假以时日，差异会不会达到物种的级别，完全变成不同的物种呢？当然是可以的。达尔文的分歧原理就解释了物种从何而来。

当然，达尔文的思想也不是自己凭空闷头想出来的，他也受到其他学科的启发，比如政治经济学。当时已经开始了大工业生产，分工开始越来越细化，而且越是细化，效率越高。分工使得各行各业更加专注于自己的科目，当然会更加熟练和专业。按照这个思路，龙生九子，各不相同，个个都有自己独特的本事，是不是更有利于生存斗争呢？好像有点儿道理。

既然一个物种可以不断地分化，那么根据分歧原理，就可以整理出一棵进化树。很多物种其实都是可以排列进去的。达尔文只是画了个雏形，以当时的生物学知识，他还没办法把所有的物种大类都给画进去。达尔文也不着急，图慢慢画，书慢慢写就是了。达尔文有自己的工作节奏，毕竟他已经财务自由，不需要考虑版税之类的事情。他也只是跟自己的朋友莱伊尔和胡克通信，也从不对其他的人讲起自己的理论。有时候这二位还到家里来拜访达尔文，毕竟达尔文出行不便。他们几个都是了解达尔文思想的。

一来二去的拖到了 1855 年，这一年达尔文在《自然史杂志》上看到了一篇文章。这篇文章的标题叫作《论控制新物种发生的规律》因为作者华莱士当时正在马来西亚的沙捞越，因此也叫"沙捞越律"。这篇文章主要在讲述一个问题，那就是"为什么这些动物和植物在它们现在在的那些地方，而不是在其他的什么地方？"作者自己给出了一个答案，那就是，一个物种出现在这里，那是因为他爹和他爷爷也出现在这里。这还用科学家去研究？这不是常识吗？

作者表达的意思是，长得差不多的物种都出现在同一个地方。你要在这儿发现了一个物种，你仔细去找，一定能在附近找到类似的物种，这些物种应该有亲戚关系。既然物种的出现是有规律的，这个规律是什么，作者没提。作者提到了莱伊尔的《地质学原理》，也提到了达尔文的书。达尔文对这篇文章看得很仔细，留下了 35 条笔记，就钉在这本杂志的后边。达尔文发现，这个作者用到了跟自己类似的进化树的概念。达尔文发现他不知道自己对进化的研究。从文章里面看得出，这个作者以为是自己想到的。达尔文虽然考虑进化的事儿已经 15 年了，但是他只在小圈子里面透露过。达尔文觉得，这个作者的观点没什么新鲜的，都是自己已经想到过的东西。

既然文章发表在公开的刊物上，那么大家都能看到。莱伊尔也看到了，他也很关注，因为他从这篇文章里面闻到了进化论的味道。他特地跑了一趟，来找达尔文。他问达尔文，这篇文章写这个创造物种的规律是什么。达尔文平静地告诉他，文章里面提到的，在差不多的地点差不多的时间总是会找到类似的物种，背后的规律就是自然选择。莱伊尔听完恍然大悟，原来如此啊。莱伊尔多了个心眼儿，既然如此，那个作者岂不是离最终答案只有一步之遥？莱伊尔是皇帝不急太监急啊。天哪！达尔文还在这里一步三摇不着急不着慌的呢。万一他折腾了十几年的心血被人家抢先发表了，那多亏啊。于是莱伊尔串通达尔文的几个朋友开始了催更模式。时不时催着达尔文发表，大家已经搬着小板凳前排等着，就等你上线呢。莱伊尔还出主意，要不，给那个作者写封信探探口风？

于是，1857 年 5 月达尔文就给那个作者写了一封信。（达尔文 1855 年看到作者的文章，1857 年才给他写信，重度拖延症？也许吧。）信的开头就写着："华莱士先生，10 月的信收到了……"等等！达尔文跟他认识？这看起来像是一封回信啊！这是怎么回事儿？

那么这个华莱士又是何许人也呢？这个华莱士 1823 年出生在英国的威尔士。他家里并不太富裕。这与达尔文的家庭是天差地别。但是他与达尔文的相似之处就是小时候都喜欢抓虫子。毕竟虫子是最容易获得的一种野生动物。华莱士小时候就是因为喜欢抓虫子，后来喜欢上了研究生物。他父亲投资失败，家里经济状况堪忧，在他 13 岁以后就供不起他读书了，因此华莱士并没有受到过完整的高等教育。看他的经历你就会发现，这个家伙纯粹是个野路子的自然研究者。

一开始，华莱士也和达尔文一样，去了南美洲。那时候欧洲对生物制品的需求量很大，一批先富起来的人开始追求有质量的生活。家里放个标本啦，放个矿石啦，那多有品位啊。华莱士就靠制作各种漂亮的标本来挣钱。但是华莱士的南美之行简直是倒霉透了。他深入亚马孙雨林去探险。一开始还有别的探险家作伴儿，后来大家分道扬镳了，他单独一个人继续深入。亚马孙雨林不愧是物种的大宝库，华莱士可以说是满载而归，采集了不少标本，还抓了好几只猴子和鹦鹉。要知道，这些标本可值不少钱呢。华莱

图 50　华莱士（1862）

士搭乘"海伦号"回航英国，这下可算满载而归了。哪知道，船开到大西洋中间，居然失火了。最后船也沉了，好在全船的人都获救了，一个都没死。可是动物就顾不上了。华莱士眼睁睁地看着猴子和鹦鹉被淹死。他只来得及随手抓了点儿个人财物和少量笔记。其他的全被毁了。华莱士可以说是肝肠寸断，发誓再也不碰这玩意儿了，这条命差点儿搭进去！

但是，华莱士最终还是憋不住。一年半以后，他又打了自己的

脸，自己又从英国跑出来了。这一回，他没去西边的南美洲，他去了东边的马来亚。1854年，31岁的华莱士开始了另一段旅程，这次是去马来群岛，许多欧洲人当时都不知道还有这么一片岛屿。那时候根本没有现代化的交通工具，出远门都要坐船。华莱士在路上颠簸了6个星期，什么交通工具都用上了。这一个半月对现代人来讲那是相当的难熬。但是对于华莱士来讲，那等于是风驰电掣，6个星期就能到达马来群岛，那简直是太顺利了。

那个年头，英国人出远门带的东西都很齐全，从家具、衣服到一瓶胡椒，一件不差，手里还要挂着个雨伞。华莱士出门就更夸张了，还要带上用于样品采集的全套科学工具，包括捕虫网、盒子、大头针和笼子。当然，长枪短枪的不也得预备好几支嘛！那时候英国占领了新加坡，新加坡就成了华莱士的大本营。他在周围的岛屿上到处乱窜。我们来看看华莱士的一天是如何度过的。我们也能近距离了解一下这个英国人。

1854年他给母亲写了一封信，他描述了日常的一天："5点半起床。洗漱，喝咖啡。坐下来整理昨天的昆虫，小心地把它们放好晒干。助理查尔斯负责帮我修理捕虫网，插满针垫，做好今天出行的准备。8点吃早餐。9点出发到森林里去。路上我们要翻过一座陡峭的小山，每次到达时都大汗淋漓。之后我们就在附近漫步探索到下午两三点，通常我们都可以带回五六十只甲虫，其中一些非常罕见且美丽。洗过澡，换套衣服，又坐下来处理这些昆虫，把它们钉好。查尔斯负责处理苍蝇、臭虫和黄蜂；现在我还不放心让他处理甲虫。下午4点吃晚餐。然后继续工作到下午6点。又喝一杯咖啡。阅读。如果捕到很多，我们继续工作到晚上八九点。然后就睡觉。"

华莱士在加里曼丹岛工作了好长时间，加里曼丹岛另外一个名字非常响亮，叫作"婆罗洲"。婆罗洲北部有个地区叫作沙捞越。华莱士就是在此总结出了"沙捞越律"。因此才有上次我们提到过的论文发表。那么他是怎么跟达尔文联系上的呢？那是因为达尔文到处收购奇怪的家禽，华莱士恰好就是达尔文的鸡鸭供应商。毕竟华莱士首先要有经济收入。他经常制作标本，卖回欧洲。一来二去，两个人就通过朋友的朋友联系上了。那年头通信的速度很慢很慢。他们之间最早的通信，并没有保留下来。华莱士在给别人的信里面提到了卖过达尔文鸭子。由此我们可以脑补一下他们之间的对话：

- 达尔文：亲，在吗？有鸡鸭和鸽子卖吗？

- 华莱士：亲，有的，买一送一如假包换！

- 达尔文：我想买鸭子，包邮吗？

- 华莱士：没问题啊！鸭子已发货。还有丛林鸡你要不要？

- 达尔文：鸭子收到以后给你好评。

……对了，看到你的文章了，那个沙捞越律你能多聊两句吗？

看来这才是重点，达尔文信中暗示，他研究生物多样性方面的东西已经20来年了。我意思就是比你早，你在我后边。写得超级慢那是因为身体不好。最后还有不少客气话，比如说点赞啦、看好你啦之类的。莱伊尔和胡克的意思就是让达尔文试探一下这个华莱士到底研究到了什么程度，最好别跟达尔文竞争。哪知道，这个华莱士是达尔文的超级粉丝，你一鼓励他，他反倒来劲了，热情更加高涨。

1858年1月，在马来群岛乱窜的华莱士就来到了特尔纳特岛。不幸的是，华莱士患了疟疾。疟疾俗称打摆子，这是蚊虫叮咬传染的疾病。华莱士老在深山老林子里面转悠，采集标本，被蚊子叮也难免。

打摆子可不好受，华莱士一开始是发冷，裹着毯子还瑟瑟发抖，没多久又开始发高烧。华莱士烧得迷迷糊糊的，突然之间，华莱士的脑子开窍了。他想起了马尔萨斯的《人口论》里面提到过人口增长的极限限制就是疾病、事故、战争、饥荒之类的。一场疟疾折腾得华莱士痛苦不堪，反倒使他有了切身的感受。动物也是一样啊，动物也会生病。动物通常还比人类繁殖得更快，每一年这些作用巨大的破坏性因素会将每种物种的数量维持在较低水平。只有那些能够扛过去的幸运儿才会被留下。一个答案呼之欲出，那就是——适者生存。

等到病稍微好一点儿了，华莱士写了一篇论文《论变种无限远离原种的倾向》。在这篇文章中，华莱士指出，生存斗争会迫使一个物种转变为另一个物种。他兴奋得第一时间把文章寄给了心中的偶像达尔文。然后华莱士就到别的岛上愉快地玩耍去了。现在的人们知道华莱士更多是因为他提出了"岛屿生物地理学理论"。华莱士注意到不同岛屿上的物种有很大区别，在巴厘岛和龙目岛上这种区别最为明显。他写道："没有哪两个岛屿间的差别像巴厘岛和龙目岛这样明显"。他意识到两座岛之间的水域很深，中间隔着龙目海峡。这意味着两岛

婆罗洲猩猩　　　　苏门答腊猩猩

图51　婆罗洲猩猩嘴边没有白毛，苏门答腊猩猩有

的大部分物种都不能相互迁移。还有一个例子是有关婆罗洲猩猩和苏门答腊猩猩的，它们长得很像，却是不同物种，而且婆罗洲猩猩只分布在婆罗洲，苏门答腊猩猩只分布在苏门答腊，它们从来也不串门。

华莱士还意识到，绝大多数的岛屿过去都与澳大利亚或亚洲大陆相连。当海平面上升时，它们就被海水隔开，上面的物种也因此分隔了。这意味着东南亚的动物要么来源于亚洲，要么来源于澳洲。正是地理上的隔绝使得每个岛上的物种独立地发生变化。

先不说华莱士继续在东南亚探索。先说达尔文这一边。1858 年 6 月，他收到了华莱士的论文，心头不由得一阵苦涩。完全被莱伊尔给说中了，这个华莱士还真厉害，他完全自己独立地发现了进化的奥秘。达尔文给莱伊尔的信里面说，这事儿也太巧了。华莱士这篇论文简直就是自己 1842 年手稿的摘要。达尔文怎么也想不通，即便找个人参照着自己 1842 年的手稿来写摘要，也不见得提炼得有华莱士这么精确。达尔文内心充满纠结。自己这么多年来的工作的原创性受到动摇。现在华莱士写了篇论文寄给自己看，核心思想跟自己完全一样。自己要说是原创的，会不会有人说自己是抄袭啊。自己浑身是嘴说不清楚啊。达尔文在给莱伊尔的信里面表示了，这篇文章就等于捆住了他的双手。

偏偏在此时，达尔文的小儿子得了猩红热，没几天就去世了。达尔文悲痛万分，更加没心思想考虑其他的事。莱伊尔去找另外一位好友胡克商量。胡克现在是英国皇家植物园邱园的园长，他也是达尔文的好友。两人当然清楚达尔文为进化论花了多少力气，费了多少心血。那么达尔文的文章和华莱士的文章一起发表不就是一举两得皆大欢喜的好事儿吗？就这么办吧。于是他们从达尔文 1848 年的手稿里面提取了一些摘要。1857 年达尔文与友人的通信之中也有比较完整的进化论思想的描述，然后加上华莱士的文章。三篇文章在 1858 年 7 月 1 日林奈学会开会的时候一起宣读了。两位作者都没有到场。达尔文的小儿子那天下葬，他要出席葬礼。人家华莱士正在马来群岛抓极乐鸟呢！极乐鸟非常的漂亮，为了求偶，它们会跳各种各样让人眼花缭乱的舞蹈。而且一跳就是好几个小时。大自然居然造出了这样神奇的动物，真是让人叹为观止。华莱士是最早研究极乐鸟的欧洲人之一。

莱伊尔和胡克两人威望比较高。林奈学会上，这三篇文章一宣读，大家都被惊到了。但是有这二位的力挺，大家只能在一边窃窃私语。胡克后来记录了当时的场景："报告引起了强烈的兴趣！不过这个题目过于新奇，对于旧学派是个不祥之兆，使得旧学派的人在没有武装以前不敢挑战！"这个旧学派指的是什么呢？当然就是居维叶为代表的那一派。在英国，很多博物学家都是牧师。你说他们支持哪一派呢？这不是明摆着的嘛！本来这一次安排了一位植物学家边沁来宣读他的报告，他在研究英国植物的时候，观察到一系列的现象能够说明物种是永恒不变的。结果边沁听完了达尔文和华莱士的文章，赶紧把报告给撤回来了，他表示自己先回家好好想想。他对自己原来的结论产生了怀疑。

这次林奈学会开会的全部内容都会在 8 月的会刊上发表出来。达尔文还是很高兴的。但是下一个问题又来了。怎么面对华莱士呢？华莱士还不知道自己跟他有相同的观点，而且跟他的论文是一起公布的。万一人家挑理怎么办呢？他给华莱士写了一封信告诉了他一切。胡克也给华莱士写了一封信。讲的也是这档子事儿。华莱士真是没什么功利心。他给妈妈写的信里，欢乐的情绪显露无疑。毕竟这是家信，是最自然的内心流露。归纳起来就几条：开心，开心，开心！达尔文和我英雄所见略同。他的文章和我的一起发表，好光荣啊！

对于莱伊尔和胡克安排两个人的文章一起发表，华莱士不仅同意，并且感到超出了他的期望。莱伊尔和胡克两个人再一次开启了催更模式，达尔文你千万不能再拖延了。现在就要加班加点地把这本书写出来。华莱士高风亮节，而且是达尔文的大粉丝。万一又有别人冒出来怎么办呢？所以达尔文自己也有紧迫感，他加快了进度，开始着手把书写出来。1859 年 11 月，这一本巨著终于出版了，书名就叫作《物种起源》。1859 年的 11 月 11 日这一天，达尔文拿到了样本。达尔文全都寄给亲朋好友，汉斯罗、莱伊尔、胡克、华莱士、赫胥黎……后边还有一大串的人呢。达尔文还给每人写了一封信，欢迎人家对这本书批评指正。没过多久，新书大批量上市了。因为先前林奈学会已经公布了进化论的思想。有不少人已经开始传播进化论。因此达尔文的书很畅销，马上就卖完了。达尔文怀着忐忑的心情关注着大众普遍的反应。果然不出他的预料，《物种起源》在社会上引起了轩然大波。

听一听　　　听一听

第 10 章

人是猴子变得吗？菲茨罗伊心里苦啊！

本来达尔文的想法是请求大家给点个"赞"。没想到，不少人看完《物种起源》之后给点了个"踩"。他们发现这个平时病恹恹的达尔文居然胆大包天，明里暗里包藏祸心。尽管达尔文遣词用句小心谨慎，但是大家还是从这本书里面读出了颠覆性的味道。

首先跑出来表示反对的是他当年的老师塞奇威克。塞奇威克当年带着达尔文考察过威尔士的山区，算是达尔文在地质学方面的领路人。达尔文当然也很希望得到他的意见。达尔文看到塞奇威克的来信，心里头拔凉拔凉的，为什么呢？因为塞奇威克说看完了以后，"痛苦大于喜悦"。他认为，达尔文的这一套理论并不是从事实中推导出来的，是个不能证明，也不能反证的假说而已。更要命的是，根据达尔文的理论，人和猴子是亲戚，早年大家都有共同的祖先。这种奇葩结论简直是可忍孰不可忍。

塞奇威克是个自然神论者。西方人时不时把上帝挂在嘴边。你千万要搞清楚他们说的这个上帝到底是个什么意思。传统的宗教里面讲的上帝是个有自己意志的人格化的神，他有喜怒哀乐，跟人差不多。按照基督教过去的说法，这个上帝既是裁判员又是运动员。创造万事万物都是他自己干的，教会秉持的就是这种见解的。但是到了牛顿他们那一代，有另外一种说法冒出来了。那就是上帝就是个裁判，他不用自己下场。牛顿不是说过"第一推动"吗，他的意思就是上帝只是设定好了运行规律和初始条件，然后推了一下，万事万物就按照基本规律开始演化运行，上帝背着手在一边围观，他们这一派，叫作"自然神论"。

塞奇威克就是一个自然神论者，他并不相信《圣经》上边的记载，也不见得信教会的那一套解释。但是上帝还是永远活在他们心中的。这一派跟教会的冲突不大，基本上大家是兼容的。这叫一个"上帝"，各自表述，也不太妨碍科学研究。牛顿自己就是物理学宗师，法国启蒙思想家卢梭、孟德斯鸠、伏尔泰都受到过这种思想的影响。所以，这种思想又叫"理性神论"。达尔文在书里根本就没提上帝这一茬，塞奇威克自然很不爽。达尔文自打环球航行回来以后，就不怎么相信《圣经》上说的东西，但是那时候还没执意跟上帝过不去。后来他的孩子接连夭折，他内心里开始彻底否定上帝的存在。与之相反，妻子爱玛在经历了丧子之痛以后，反而更加虔诚，她领着孩子去教堂的时候，达尔文也在后边陪着。孩子他妈领着孩子进去了，达尔文在教堂外边转悠，转了一圈又一圈。他就是不能理解，为什么妻子有那么多私房话要跟上帝倾诉，告诉自己这个老公不行吗？

扯远啦，我们扯回来。塞奇威克认为，生物的合目的性是神赋予的。所谓的合目的性，是康德美学的核心观点。简单说来，就是事物的发展是朝着一个目标去的。不管这个目标是什么，也不管源动力是什么。塞奇威克认为，目标使得世界更适合生存，源动力就是上帝。人怎么能是从动物变来的呢？1860 年 3 月，塞奇威克公开发表了一篇《物种起源》的书评。他认为《物种起源》完全是唯物论的，完全无视了导出真理的唯一法则——归纳法，全面排除了目的论和否定道德感觉的东西。

塞奇威克不管怎么反对《物种起源》，他还是光明正大地说出来了，可有人就不是那么光明正大了。1860 年 4 月出版的《爱丁堡评论》上边有一篇文章，长达 45 页，满篇都是抨击达尔文的，文字非常恶毒，而且是匿名发表的。大家都不知道这篇文章是谁写的。达尔文一看，马上就看出来作者是谁了。4 月 10 日，他给莱伊尔写了一封信，里面就谈到了这事儿。他说，这篇文章毫无疑问是欧文写的，充满了恶意，写得也很阴险。这是很有害的东西……受到欧文如此的憎恶，真可悲。

欧文当年也和达尔文一起工作过。达尔文从海外带回的那些化石还是欧文帮忙研究的，当年两个人合作得还蛮愉快的。但是这一回，欧文激烈地反对达尔文。后来达尔文给汉斯罗写信的时候，他自己也在反思为什么欧文这么恨他。依照伦敦人流传的说法，欧文看到达尔文的著作成了爆款图书，他妒忌得发了狂……说到底，有人的地方就有江湖。

汉斯罗是达尔文走进生物学殿堂的领路人，他的态度又如何呢？他也反对达尔文的学说。但是他不像塞奇威克和欧文那么激烈。汉斯罗的宗教信仰还是满虔诚的，他更多的只是耐心地规劝。从达尔文朋友圈的情况看来，他受到的压力是蛮大的。不过令人欣慰的是，《物种起源》这本书第一天就卖出去一千多本，书店都缺货了。大家反而被激起了好奇心，都想看看这本离经叛道的书到底能把三观毁到什么程度。

图 52 威尔伯福斯和赫胥黎（1860 年《名利场》杂志刊登的漫画）

现在各种讲述进化论的资料，不管是书也好，纪录片也好，都绕不开一场大辩论，那就是赫胥黎和牛津大主教威尔伯福斯的那场辩论。这也是进化论历史上最著名的一场大辩论，对这场辩论的描述都很戏剧化。1860 年 6 月 30 日，在牛津举行了英国科学振兴协会的一次大会。牛津大主教兼女王的赈济官威尔伯福斯将到会做演讲。这位大主教能言善辩，颇有人气，拥有无数的粉丝，这一天会场里冲进来七百人，大厅几乎无法容纳。临近演讲结束，威尔伯福斯挑衅性地对着赫胥黎发问，你家祖先里面有猴子吗？那到底是来自你爷爷那一边呢，还是来自你奶奶那一边呢？底下肯定是哄堂大笑啊。赫胥黎不慌不忙地站起来回答，先是反驳了大主教的观点，然后还得把刚才骂人的话给他怼回去。他说，我祖先之中有猴子，我一点也不感到羞耻。但是祖先里面要是有运用智慧进行无耻诡辩的，反倒令我感到羞耻。据说，有个妇女当场晕了过去。达尔文的粉丝也不少，他们也是轮流起来发言，最后闹得大主教灰头土脸的。进化论的思想在社会上得到了广泛的传播。

这些描述，大家听了很多次了，大家也比较喜欢这种戏剧性的描述。一本书里面总要有好人坏人，总要有先进和落后。我们心底里默默接受的是拉马克的学说，非常认同"先进"必将战胜"落后"，在思想领域也是如此。但是，真实情况未必是大家喜闻乐见的样子。这场大辩论的确是发生过的，但是当时没有留下任何发言的记录。毕竟那时候没有录音设备，也不像现在，重要活动都有网上直播。这次会议并没有直接记录下他们说了什么。有关这件事的最早记载是在 1887年胡克的一本书里。胡克是回忆 20 多年前的场景。在此之前这件事没人提到过。要是轰动性的新闻，当时的报纸总要有报道吧。可见这事的影响绝没有想象得那么大。达尔文的儿子在给父亲作传的时候也提到过这事，赫胥黎的儿子也提到过这事。但是几个人的描述都不一样。而且这都是隔了几十年以后的回忆了。因此当时究竟是怎样的情景，现在没人知道了。

那么威尔伯福斯大主教的观点究竟是什么呢？这好办，他在这场辩论之前几个星期写了一篇文章，专门就是针对《物种起源》这本书的。辩论以后这篇文章刚好发表了。我们大略可以认为，大主教当场讲的话跟这篇文章的意思应该差不多。这篇文章提炼起来大约是三点。

1. 对于古生物学与比较解剖学的内容明显是抄欧文的；

2. 达尔文讲了半天人工选择，然后类比出自然选择。逻辑推理怎么能用类比的办法呢？育种专家们的确可以改良出千变万化的品种，但是改了半天，猫还是猫，狗还是狗，哈士奇和吉娃娃的确长得不太像，但是说到底都是狗，并没有出现新的物种。一旦这些动物放回野外，那些改良出来的特征都会慢慢消失。

3. 达尔文的观点违反《启示录》（《新约》中的一卷）。高贵的人类怎么能是野兽进化来的呢？

虽然大主教是虔诚的教徒，但是他也说了，不能拿《启示录》中的话来批判科学。科学依据还是最重要的。你看，这个大主教跟我们印象里那场大辩论中的大反派好像不大一样吧。他看上去并不像一个死硬分子。达尔文也觉得，他提出的第二点的确是直接命中了自己的软肋。所以说，我们不能对这件事有个脸谱化的理解。我们过去总认为，一边是保守派在阻碍科学发展，另一边是锐意探索科学真理的悲情人物。具体到这一场大辩论，其实并不是这个样子。假如威尔伯福斯大主教真的是理性地列举了达尔文的缺陷，那也不能说是坏事。一个理性的反对派，并不总是扮演消极的角色。他其实在扮演一个"大过滤器"的作用，过滤掉那些不靠谱的、根本经不起考验的理论。而且可以促使进化论这样的理论变得更加锋利，同时在某种程度上起到"磨刀石"的作用。

赫胥黎，他号称"达尔文的斗犬"。不过要搞清楚的是，他是"达尔文的斗犬"，他可不是"达尔文学说的斗犬"。因为在他看来，达尔文的学说是一个合格的"假说"，是个非常有逻辑的理论。他以前是反对拉马克学说的，因为他觉得拉马克的学说并不是一个好的学说。但是自从看到达尔文的理论，他就认为，达尔文的学说是"贯穿着科学精神的好科学"。达尔文身体欠佳，一天到晚病恹恹的。因此赫胥黎愿意替他去外边打拼应付。但是赫胥黎对于达尔文学说的核心部分"自然选择"是有疑问的。他没办法判断达尔文的这个学说到底是对还是不对。对于自然选择到底在自然界中占了多大的分量，恐怕还要博物学家们花上 20 年去研究。这是赫胥黎在 1859 年年底说的话。对于物种会发生变化，很多人都可以接受。哪怕是欧文，也不反对这一点。但是对于达尔文理论的核心"自然选择"，很多人抱有怀疑态度。

赫胥黎认为达尔文的理论是个不错的工具，可以解释很多问题。但是还有很多问题现在没办法拿到一个可靠的答案。所以赫胥黎自己说他是达尔文个人的斗犬，而不是达尔文学说的斗犬。赫胥黎写了不少的书来介绍这种思想，毕竟这是有关生物系统的第一个完全版的学说。其中一本叫作《进化论与伦理学》，经过严复翻译到我国换了个名字叫《天演论》，最常被人念叨的一句话就是"物竞天择，适者生存"。但是严复在翻译的时候添加了很多政论性质的东西，并不是纯翻译。因为那时候正好是甲午战败，中国人对于国家之间的竞争是有切身体会的。严复偏巧又是海军出身，感受更加强烈。赫胥黎的原作倒是没有那么多政论性的东西。但是也看得出来，到了甲午战争的时代，很多人已经开始把进化论往社会学方向去套用了。

其实在 1860 年的那一次辩论之中。还有一个人大家很少提及，其实他也是个很重要的参与者，甚至是个悲剧性的人物，他就是罗伯特·菲茨罗伊船长。他以悲壮的方式在科学史上写下了浓墨重彩的一笔。菲茨罗伊船长可不简单，他是贵族出身，12 岁就被送进海军学校去学习正规的海事课程。他上过的课很杂，既有牛顿力学和几何学，也有航海和造船。抽象的理科学过，具体的工科也学过。因此他是有非常高的科学素养的。所以他才会对博物学那么感兴趣。而且好多钱都是他自己掏腰包的。比如从火地岛弄回几个土著，那都是要花钱的，但是菲茨罗伊心甘情愿。

他从海军学院毕业以后，去过地中海舰队，也去过南美舰队。因此他年纪轻轻的就见过不少世面了，工作上也能独当一面。贝格尔号去南美主要是为了测绘南美洲海岸的地形地貌，这项工作本来是他的前任斯托克斯的，他干了两年也才测了几个点，进度严重落后，巨大的工作压力，导致斯托克斯船长举枪自杀了。子弹嵌在颅骨里面，连大夫也没办法医治。菲茨罗伊当时正在这艘船上当见习军官，他临危受命代理船长，把这条船开回了英国。后来，海军方面才让 23 岁的菲茨罗伊接班干。菲茨罗伊干得真不错，胜利完成了任务，而且完成了环球航行。

菲茨罗伊远航回来以后，首先是整理资料，汇总成为四卷的一套书。第三卷就是达尔文执笔的《贝格尔号航海记》。达尔文写完了这部分，寄给了菲茨罗伊看。菲茨罗伊担心的事终于发生了。这本书里面充满了有关进化论的暗示。菲茨罗伊悔得肠子都青了，当初怎么就让这么个叛逆者上了自己的船啊。菲茨罗伊是虔诚的教徒。事已至此，他能怎么办呢？

1843 年，因为他考察南美有功，英国议会任命他为新西兰总督。

第 10 章 人是猴子变得吗？菲茨罗伊心里苦啊！ / 152 /

他去新西兰走马上任了。可惜，这个家伙理想主义色彩太强烈。他积极维护毛利人的权利，主张毛利人和英国人一样，平等地拥有土地。他提出许多不切实际的计划，而且每次都是他自掏腰包为计划开路。到最后，他的政策根本执行不下去。担任总督不到两年，菲茨罗伊就被召回英国，1850 年正式离职了。你要说，他去了一趟新西兰有什么收获呢？没有，一点儿没有，还把自己的家产败光了。他前前后后倒贴了 6000 英镑，这是好大一笔钱呢。从此他的日子就过得很拮据。他家祖上可是将军，过到这个份儿上也真是难为他了。达尔文看不下去了，菲茨罗伊现在没有工作，这也不是个事儿啊，正巧，达尔文认识另外一位搞水文地质的专家叫蒲福。蒲福就是"蒲氏风级"的制定者。小学自然课上都学过如何看风力大小。"1 级青烟随风偏，2 级清风吹脸面，3 级叶动红旗展……"从 0 级一直到 12 级，就是现在国际通用的风级。

蒲福还是个有海军少将军衔的军人。达尔文拉着他共同推荐菲茨罗伊到英国新组建的气象部门去任职。那时候，气象主要是为航海服务的，交给这么一位经验丰富的航海家，当然是再恰当不过了。菲茨罗伊就成了气象部门的主管。在 1850 年，普通人都不知道什么是气象。那时候人们预测天气只能靠占星术，只能请人算一卦。菲茨罗伊手下也只有三个人，所有人都不知道菲茨罗伊能折腾出点儿什么。

1853 年，在布鲁塞尔开了个大会。说是大会，参加的也就 12 个人，主要来自比利时、丹麦、法国、英国、荷兰、挪威、葡萄牙、俄国、瑞典和美国这 10 个国家。菲茨罗伊代表英国去参加了。那次会议上大家商量好，大家都要在各国的船只上装气象观测的仪器，把数据记下来就是第一手资料，这对于研究海洋是很有用的。就在 1853 年，俄罗斯和土耳其之间的克里米亚战争打响了，后来英国、法国都卷了进去。1854 年 11 月 14 日，当英法联军包围了克里米亚半岛的塞瓦斯托波尔，陆战队准备在黑海的巴拉克拉瓦港地区登陆时，黑海上风暴来临，突然狂风大作、巨浪滔天，法国军舰"亨利4号"遭强风浪袭击沉没于黑海北部的佛斯陀，英法联军不战自溃。从此以后，欧洲各国都开始重视起气象研究，认识到气象研究有着非常大的战略价值。我们中国人当然早就明白这个道理，要不哪来"借东风"呢？气象当然是蕴含着战略意义的。

菲茨罗伊表现得很积极，他紧锣密鼓地张罗着给军舰上装气压计、温度表、风速仪，还有干湿度计。他把这些数据汇总起来，画在一张地图上。他自己还研发了新式气压计，价钱便宜量又足。而且还能测温度。他到沿海的小渔村发放，而且还给渔民们做科学普及工作，教他们使用这些仪器。渔民们收集了数据，怎么告诉菲茨罗伊呢？还需要在海边建立电报站。这样的话，就可以随时把数据报告给伦敦。菲茨罗伊就开始建立他的气象观测网络。他发明了一系列的符号，把风力、风向、温度、

图 53　菲茨罗伊（1855）

气压都标注在地图上。菲茨罗伊对这些数据背后的物理学原理并不是太清楚，但是他知道，先把数据收集下来再说。而且以他的航海经验，他知道风暴往往跟低气压是有关系的。他把气压相等的点都连在一起，绘制成了一幅等压图，把各个地方的风向全都标在图上。他发现，图上明显出现了一个个的大旋涡，这就是所谓的"气旋"。

菲茨罗伊的工作没多少人关注。他就在自己的办公室里日复一日地研究这些数据资料。到了1859年秋天，出大事儿了，英国出现了

大风暴，导致了一系列的海难。特别是有一艘船遇到风暴沉没，400多人全部丧命，英国上下震动。这时候公众才发现，气象学太重要了，要钱给钱，要人给人，菲茨罗伊总算是苦尽甘来了。他被提拔为海军少将，而且手里的资金也更加充足了。菲茨罗伊核对了最近的天气记录，发现风暴来临之前，英伦三岛范围内的气压就特别低，夏天特别炎热干燥。不久他写作了《英伦三岛的风暴》一书，详细描述了气旋和反气旋的结构。他发现，等压线密集的地方，风特别大。现在，菲茨罗伊已经可以根据这些信息发布暴风警报了。他设计了一套风暴信标系统，在港口悬挂发布。大家都可以看到，最近要刮大风，风向是什么，大概有多猛烈。现代意义上的天气预报诞生了。菲茨罗伊是天气预报的先驱者。老牌的《泰晤士报》也开始留出版面来刊登菲茨罗伊发布的天气预报。菲茨罗伊算是一举成名了。

这一天他正好到牛津作报告，讲有关气象方面的内容。巧不巧，他鬼使神差地走进了讨论博物学的大厅里面，赫胥黎和威尔博福斯大主教正在这里辩论有关达尔文的学说。菲茨罗伊作为一个虔诚的信徒当然是极力反对进化论。他高举《圣经》，声称"《圣经》就是不容怀疑的真理"，劝导人们不要相信达尔文的理论。但是大家谁也不知道这一位是从哪儿跑出来的，特别是赫胥黎他们这一群达尔文的支持者，菲茨罗伊当场遭到了沉重的打击。他一直在自责，都是他把达尔文这个妖孽给放出来的。他离开牛津以后，继续搞他的气象学。往事不堪回首，那就不要老回忆过去了。但是，随着他名气越来越大，他就被各路的喷子们盯上了。特别是当时的天气预报又不太准，难免有人借题发挥。在天气预报的草创时期，测不准当然并不稀奇，也没什么好指责的。即便是现在，天气预报也有失灵的时候。但是喷子年年有，并不会因为时代而改变。

1863年，菲茨罗伊出版了《天气学手册》，里面的内容非常详细，你该关注什么，怎么测算，怎么画图，都写得清清楚楚的。同年，詹姆斯·格莱希尔成立了日报天气图公司，这是一家私营的天气预报公司，他要跟菲茨罗伊的气象厅竞争。当然很多流言蜚语恐怕就跟这家伙脱不了干系。尽管是竞争关系，他使用的方法还是来自于菲茨罗伊，科学成果毕竟是没有使用限制的。

总之，公众给菲茨罗伊带来了非常大的压力，使得他的精神越来越抑郁。《泰晤士报》决定不再刊登菲茨罗伊的天气预报。大家也可以想象，这给了菲茨罗伊多大的打击。他一生过得并不顺利，1852年妻子突然去世，1854年，他17岁的女儿又去世了，他已经够惨的了。在重重压力之下，他的身体越来越差，精神也出现了问题，现在看来应该是严重的抑郁症。1865年，菲茨罗伊用刀片割断了自己的喉咙，自杀身亡。他身为侯爵的舅舅也是用相同的方法自杀的。他死后连下葬的钱都没有，还是达尔文掏钱帮他料理了后事。达尔文也算是有情有义吧。

菲茨罗伊的死不仅仅是他个人的悲剧，也是英国气象研究的悲剧。气象厅过往的工作业绩被全面彻查，全盘否定了菲茨罗伊的风暴预警和天气预报，推翻了菲茨罗伊所有的成就。此后，英国气象局处于无机构状态，每日天气预报服务和风暴预警服务也被叫停。一直到1878年，国际气象组织正式成立，菲茨罗伊才重新被人们正式确认为气象预报的创始人和气象学的泰斗。

我们过去往往不知道菲茨罗伊后来所做的贡献。讲达尔文进化论的时候，通常都不怎么提他。即便是有人知道他参与了1860年的那场大辩论，也是把他作为一个无足轻重的配角。况且以我们现在的角度来看，他是站在达尔文的对立面的。但是当我们看到他气象领域先驱者的身份的时候，我们不得不肃然起敬。我们不禁要反思一下，对于一个人来讲，我们真的能把他简单地划分到正派或者反派阵营里吗？能吗？在纯学术问题上，真的存在正反派吗？我们不能这么看待这个问题。

贝格尔号是一条神奇的船，承载了两位伟大的先驱者。

话题有点儿沉重，还是来点儿轻松的吧。前几年流行了一阵子天气瓶，也叫风暴瓶，这个天气瓶很有趣。一个密封的瓶子，里面放有一种混合的溶液。一般是樟脑、乙醇、硝酸钾、氯化铵和水混合在一起。随着温度的变化，内部会出现各种各样的结晶，结晶的形态千变万化，具有非常高的观赏价值。要知道，这个天气瓶的成分就是由菲茨罗伊确定的。他在贝格尔号上就带了一只天气瓶。他也希望能够根据结晶来判断出天气，为此他做了很详尽的记录。但是我们现在是知道的，结晶的状况最多跟温度有点关系，而且还颇有点儿捉摸不

图 54　风暴瓶里漂亮的结晶

定的意思。因此根本不能拿来做天气预报，倒是个漂亮的观赏物，也可以算是对菲茨罗伊的一个纪念吧。

菲茨罗伊在英国研究天气预报的时候，欧洲大陆也在组织气象观测。还记得前面提到的克里米亚战争，攻打塞瓦斯托波尔的战役吗？一场风暴让英法两国损失惨重，尽管战争最终是俄国人惨败，但是英法的代价也不小。法国人也开始仔细研究气象预报。他们发现，这一场风暴早在两天前就袭击了西班牙和法国，然后又移动到了黑海。要

是大西洋沿岸设立气象站，把观察到的数据拍电报发给前线，说不定这场灾难就可以避免了，所以他们开始建立自己的观测系统。同样，欧洲的其他国家也开始关注天气预报工作。

1857 年，捷克第二大城市布尔诺南郊的农民们发现，布尔诺修道院里来了个奇怪的修道士。他每天坚持观测天气，据说他是奥地利气象学会的创始人之一。这个人学术背景十分庞杂，别看是个修道士，但是参加了很多科学方面的协会团体，有气象学方面的，也有动植物方面的，他还是维也纳动植物协会的会员。这个"没事找事"的怪人还在修道院后面开垦出一块豌豆田，经常用木棍、树枝和绳子把四处蔓延的豌豆苗支撑起来，让它们保持"直立的姿势"，他甚至还小心翼翼地驱赶传播花粉的蝴蝶和甲虫，他是谁呢？

听一听　　听一听

第 11 章

遗传规律：孟德尔神父的发现

大家可能已经猜到了，没错，这个人就是孟德尔。当时他在摩拉维亚的布尔诺。这个地方的归属很复杂，孟德尔时代算是奥地利的地盘。1866年奥匈帝国成立，就成了奥匈帝国的地盘。后来奥匈帝国解体，形成了好几个国家，这地方归了捷克。有两位名人出生在布尔诺。一个是数学家哥德尔，他1906年出生的时候是奥匈帝国人，12岁成了捷克斯洛伐克公民，23岁成为奥地利公民，纳粹德国吞并奥地利时，他自动成了德国人，战后又成了奥地利人，还获得了美国国籍，真是够复杂的。另外一位是作家米兰·昆德拉。没想到这么个小城还出了这么厉害的人物。

孟德尔不是在布尔诺出生的，1822年，他出生在奥地利的海因岑多夫。这地方后来也归了捷克。他从小家境贫寒，父亲是个农民，一个星期有三天要给一位女伯爵干活儿，有四天时间来种自家的自留地。要是按照一般的情况，孟德尔也还是走父亲的道路，不过就是老老实实地当农民罢了。但是，当地有个神父对他父母千叮咛万嘱咐，再穷不能穷教育，知识改变命运。所以他家还是咬牙坚持让他上学。孟德尔勉强读完了小学，进了中学。但是他家境实在是太差了，父亲因为事故受伤，没了劳动能力，孟德尔也只能靠自己了。

1840年，他支撑着读完了中学。在家陪着父母住了一段时间，后来进入奥尔米茨哲学院学习哲学。他到处给人当家教，可是没有亲戚朋友的推荐，谁会让他去当家庭教师呢？所以他的收入也很少。他再也支持不下去了，思来想去，决定去当神父，生活起码有保障。他当神父真是不得已的。1843年，他来到布尔诺的圣奥斯定修道院当了修士，走上了神职人员的道路。

到了修道院，的确境遇大为改善。在修道院里也是可以接受一定的教育的，特别是孟德尔这种好学的年轻人。到了1847年，他被任命为神父。他曾经到一所中学当代课教师。当时中学教师是需要有资格证书的，不是什么人都能当老师的。孟德尔考试没通过，拿不到教师资格证。由此可见，孟德尔不太像是一个传统意义上的神童，他不过是个好学的普通人罢了。后来他去维也纳大学读了好几年的书。回来再考教师资格证，他还是没考过。因此这辈子他都只能在当地中学当代课教师，他干了足有 14 年。

孟德尔的时代，人们对遗传的认识还很粗浅，基本认同"混合遗传"学说：遗传是"黑＋白＝灰"。这个理论其实没有什么确切的证据，只是大家认为这不是"秃子头上的虱子——明摆着"的嘛！这是一个大家普遍接受的、朴素的、以为是不证自明的规律。你看，美国前总统奥巴马就颇为符合这个说法，他父亲是来自肯尼亚的非洲裔，皮肤较黑，他母亲皮肤很白。奥巴马的肤色当然就介于两者之间嘛，基本

图 55　孟德尔神父

上就是打了个对折。有些人还认为，孩子的身高应该是父母身高的平均值。所以很多人就对姚明女儿的身高非常关注。其实这都没有确切的证据，但是人们普遍就是这么认为的。姚明的父母比姚明矮多了，假如孩子的身高是父母身高的平均值，姚明起码是不符合的案例。有人说，这都是个案，不值得大惊小怪，应该看主流！大部分情况都是符合这种"混合遗传"学说的。

孟德尔恰好不这么想，达尔文也不这么想。只见树木不见森林固然不对，难道反过来，只见森林不见树木就对吗？那些变异，那些特

别的个体，过去都是被当作例外忽略掉了，但是达尔文没有放过，孟德尔也没有放过。每个个体都应该被认真地对待。就在孟德尔当代课教师的这些年里，他做了那个让他名垂青史的豌豆实验。

孟德尔是农民的儿子，种地那是一把好手啊。他花了两年时间在地里种各种各样的植物，为的就是挑选一种适合来做实验的植物。孟德尔为什么要选豌豆来做实验呢，因为豌豆有以下几个优点：

1. 豌豆是严格的自花传粉、闭花授粉的植物，因此在自然状态下获得的后代均为纯种。

2. 豌豆的不同性状之间差异明显、易于区别，如高茎、矮茎，不存在介于两者之间的第三高度。

3. 孟德尔还发现，豌豆的这些性状能够稳定地遗传给后代。用这些易于区分的、稳定的性状进行豌豆品种间的杂交，实验结果很容易观察和分析。

4. 豌豆一次能繁殖产生许多后代，因而人们很容易收集到大量的数据用于分析。

5. 豌豆花大，易于做人工授粉。

孟德尔种豌豆，一干就是 8 年，他前前后后起码种了 3 万株豌豆。为了测试豌豆的遗传特性（后文将称之为性状），孟德尔选取了 7 组共 14 种对比明显的纯种豌豆作为研究对象。当同一组的两种（我们称之为亲本）进行杂交的时候，孟德尔发现杂交后长出来的第一代全都显示其中一个亲本的性状（比如纯种的紫花豌豆和纯种的白花豌豆杂交一下，结的豌豆种下去，长出来的新豌豆都开紫花）。而把这些第一代的豌豆作为亲本，长出的第二代又出现了最初亲本的性状

（比如将上面提到的紫花豌豆再种下去，长出来的新豌豆有开紫花的，也有开白花的）。

	种子		花	豆荚		茎	
	外形	子叶	颜色	形状	颜色	位置	尺寸
	灰圆	黄	白	饱满	黄	豆荚腋生，花腋生	长 (6-7ft)
	白皱	绿	紫	瘪	绿	豆荚顶生，花顶生	短 (-1ft)½
	1	2	3	4	5	6	7

性状	第二子代显性数目	第二子代隐性数目	显性
豆荚的颜色	未成熟428	黄色152	2.82：1
茎的高度	高茎787	矮茎277	2.84：1
豆荚的形状	饱满882	不饱满299	2.95：1
种子的形状	圆粒5474	皱粒1850	2.96：1
子叶的颜色	黄色6022	绿色2001	3.01：1
花的位置	腋生651	顶生207	3.14：1
种皮的颜色	灰色705	白色224	3.15：1

如果你对高中生物还有点印象的话，或许你会记得在第二代中有个3:1的比例。如果你的记忆力比较好，或许你还记得分离定律和自由组合定律。课堂上老师估计也告诉了你不少帮助记忆的顺口溜、口诀，我国人民对付考试的办法真不可小看，什么问题都能转化成记忆力的问题。估计孩子们临近考试，说的梦话都是"种豆南山下，黄绿三比一"。很多人已经离开学校很多年了，都记得当年背过的"豌豆

战士孟德尔，果蝇骑士摩尔根"。

实验结果，课本上写的都很清晰，我就不再多费笔墨了。我们还是讲孟德尔的想法。为了解释他的观察结果，孟德尔做了四个大胆的假设：

1. 控制豌豆这些性状的物质是成对存在的。在考虑这些物质对豌豆性状可能的影响时，需要综合在一起看。比如在决定花的颜色时，就有三种可能的组合：紫色物质／紫色物质，白色物质／白色物质，紫色物质／白色物质。

2. 这些物质有显性和隐性的区别。当两种相互对应但互不相同的物质组合在一起时，隐性物质的作用会被显性物质的作用所掩盖。比如在假设1提到的紫色物质／白色物质这个组合中，紫色物质是显性的，所以拥有这个组合的豌豆依旧会开紫花（紫花豌豆和白花豌豆杂交后的第一代）。

3. 这些物质会随着配子（比如精子和卵子）的形成而被拆散到单个配子中。比如含有"紫色物质／白色物质"的豌豆在形成花粉时，有一半的花粉会仅带有紫色物质，而另一半花粉会仅带有白色物质。

4. 当配子形成合子时（精子使卵子受精成为受精卵），这些已经分离开的物质可以自由地和其他物质重新配对。比如上面花粉中的紫色物质不会因为之前和白色物质配对过而只和白色物质配对，也不会因为自己是紫色物质而只和其他的紫色物质配对。

以上四条假设中的后两条，就是高中时提到的孟德尔遗传两大定律——分离律和自由组合律。你记起来了吗？孟德尔把统计学思想引入了生物领域。在此之前大家并没有把统计学和生物联系起来。不过，那个时代的统计学也还没有那么完善。达尔文的表弟高尔顿也在这个阶段开始把统计学用于进化论的研究。高尔顿本人也对统计学有重要的贡献，"回归"这个词就源自高尔顿。什么事儿跟数学一沾边儿，就从文科变成了理工科。也就在那个阶段，生物学开始往理工科方向转化。孟德尔建立了数学模型，这是一个很了不起的突破。他用的统计方法不算严谨，但是也足够说明问题了。

隔了两年，1866年，孟德尔写了一篇论文发表了。从孟德尔的文章里，我们可以知道他是如何做研究的：

- 发现重要问题

- 提出解决问题的途径

- 设计实验思路

- 进行实验研究，得到结果

- 分析结果，提出前人没有想到的理论

- 进一步实验，得到更多可以分析的结果

- 推广理论，证明理论

孟德尔的论文由十一个部分组成。引言部分，孟德尔单刀直入。他明确表示，有关杂交体性状的普遍规律，从来也没人搞出来过。言下之意，他是第一个搞出来的。然后他又写道：过去杂交试验也不是没人搞过。但是这玩意量又大，时间又长。别人都懒得去搞，我不辞辛苦搞出来了，我种的豌豆不仅数量大，而且时间长。做大量实验不仅要花力气，还要有足够的勇气。但这是唯一正确的道路，才能最终解决重要的问题……本文就是仔细研究的结果，进行了8年的工作，基本问题都有结论。

孟德尔提出，遗传的不是整体，而是一个个的性状。他是读过达尔文进化论的。现在我们知道，孟德尔在《物种起源》德文版第二版的书的边缘写了评注。说明孟德尔看过《物种起源》。但是孟德尔吃的是教会这碗饭，他不能表态支持进化论。因此他黑不提白不提。

达尔文的进化论正有个大麻烦无法解决。假如按照大家认同的"混合学说"，就会与进化论产生矛盾。孩子就是父母的平均值。那么一代一代的传下来，大家结婚生孩子，最后所有的人全都混合在一起了，大家越长越像。可是达尔文的进化论需要生物有千变万化的变异才行，龙生九子各不相同，变异足够多、足够丰富，自然选择这个大过滤器才有得挑。要是按照混合遗传的学说，那怎么可能龙生九子各不相同呢？必定是父母的平均值啊。

孟德尔心里当然清楚达尔文的这个麻烦。他在论文里面意味深长地暗示了一下，假如一个植物有 7 种不同的性状，那么子孙后代可能的组合那就是 $2^7=128$ 种可能，够丰富了吧。论文发表以后，孟德尔搞了 40 本单行本寄给了很多业界大牛。但是大家的注意力都不在这儿，都在达尔文的进化论那边。但是孟德尔的论文并非无人问津，还是被大家引用了十几次，不过最终还是没有引起大家太大的关注。当时的人不认为这件事有多重要，不过就是种豌豆嘛。《物种起源》里面不是描述了育种专家的作用吗？要想培育出需要的品种，很可能就要进行品种之间的杂交。虽然孟德尔称豌豆实验为"杂交"试验，但这在业界人士看来，根本不能算是"杂交"。不同物种或者是不同品系之间才能叫作"杂交"。普通豌豆内部算哪门子杂交啊？孟德尔给达尔文也寄了一份论文。他满心欢喜地想帮达尔文一把，但是达尔文并没有拆开看。自从达尔文出了名，每天收到的信件都是用麻袋装的，他没办法一一过目。不过达尔文有保存档案的好习惯，收发的邮件全部保留，因此给研究他的思想留下了丰富的资料。孟德尔比较倒霉，手稿被烧了，想给他写个传记都很难。

孟德尔后来还种了不少别的植物，他发现很多植物都与豌豆类似，都是符合他的遗传规律的。但是山柳菊这种植物跟豌豆完全不同，孟德尔也很苦恼。山柳菊怎么就是个例外呢？当时他是想不出来的。1869 年，孟德尔写成论文发表了。豌豆符合孟德尔的遗传定律，山柳菊不符合。他并不避讳不符合自己理论的东西。

1868 年，孟德尔当了修道院的院长，他也不用再去中学代课了。修道院的事务也很繁杂，他也没多少时间去田间地头种豌豆了。他给别人的信里面也写到他发胖了，弯不下腰。早年间他还惦记做动物的杂交试验，比如观察一下老鼠的毛色，但是马上被领导叫停了，动物杂交在宗教界是不允许的。现在自己当领导了，就可以网开一面了。1871 年，他养了一大群蜜蜂，开始用蜜蜂来做实验，也没见到有什么研究成果。孟德尔的理论在当时并没有引起太大的波澜。几十年以后，才被人们重新发现。那时候孟德尔已经去世很多年了。当然，也有人对孟德尔的实验有疑惑。他的实验数据太漂亮了，完美得不正常。其中定有蹊跷。难道是学术造假？

在过了许多年以后，英国的统计学家和遗传学家费舍尔，开始怀疑起孟德尔的豌豆实验了。1936 年，他首先开始挑孟德尔的毛病。他分析了孟德尔的全套实验数据。他觉得这个数据太完美了，好得过了头。于是他断定，数据是有问题的，有可能是孟德尔编造的数据。即便是往好了想，这也不是孟德尔一个人的事儿。他猜测，孟德尔有个助手，他没留下名字。孟德尔自己做了两年实验，然后就交给助手去干了。孟德尔凭着两年的数据搞出了一套理论，他的助手为了迎合他的偏好，给他的数据都是符合他的预期的。

费舍尔是个统计学家，他认为，对于实验结果的统计，不能简单地数数就完了，需要有统计上的"显著性"才行。孟德尔哪里知道什么叫统计"显著性"。孟德尔那个时代统计学本身还在发展之中呢。到了现代，很多人都为孟德尔鸣不平。人家那时候是用尽了他能知道的所有手段去尽量降低误差，统计显著性这个概念当时真的没有。而且从他个人的人品上来讲，他也不会造假。他发现了山柳菊不符合他的遗传定律，他也丝毫没有隐瞒。而且他还把自己的豌豆种子寄给别人，希望别人也能重复自己的实验。他要是造假的话，恐怕没这个胆子。而且孟德尔还怕田里面的昆虫爬过来捣乱，还在温室里面种了豌豆。外边试验田里的统计结果和温室里面种的豌豆统计结果一致，他才放心了，看来虫子们没来捣乱。

总之，孟德尔对于遗传学贡献是很大的，说是第一人也不为过。但是，当时做遗传实验的不止孟德尔一个人。还有一个人也在做，那就是达尔文。他也在做遗传类的实验。因为这是进化论很重要的一个环节。达尔文显然需要这方面的东西。他从 1862 年就开始在家搞这方面的实验。他家种了大量的花，他就是用这些花来搞遗传实验的，他前前后后种花种了 11 年。

1868 年，达尔文发表《动植物在家养情况下的变异》。这本书里面记录了达尔文用金鱼草做有关遗传的实验。金鱼草的花一般是左右对称的，达尔文称为"C"型（正常型）。还有一种不常见的是辐射对称的，达尔文称为"P"型（怪异型）。达尔文让 P 型的爹和 C 型的妈杂交，获得的孩子 F1 全都是 C 型。再杂交下去，搞出 F2 代，一共是 127 株。88 个 C，37 个 P，还有 2 个十三不靠的，到此结束。达尔文用金鱼草做了这么多试验，观察到实验结果后，达尔文得出的结论是：同种植物里有两种相反的潜在倾向，第一代是正常的占主要，隔一代怪异的倾向增加。

这样的结论没有太大意义，达尔文远不如孟德尔深刻。即使不做实验的人也能通过生活经验得到这种直观的"常识"，达尔文没有引入统计学来解决问题。你不妨去看看他在 1877 年出版的《同种植物不同花型》这本书里记录的报春花的情况，我甚至恨不得能穿越过去替他数一数。得到显性后代为 75%，隐性后代为 25%，一个完美的 3:1。不过，达尔文还是没有意识到重要性，再次与遗传学失之交臂。

那么我们不禁要问，为什么呢？为什么达尔文在这事儿上就那么不开窍呢。其中一个原因是当时还没有使用统计学的习惯。第二个原因，就要怪达尔文自己提出的"泛生论"了。泛生论是个什么东西呢？这是达尔文为了解释遗传现象而发明的一种学说。泛生论大概是这么说的，生物每个细胞里都有一个"泛生子"，也叫"微芽"。心脏细胞里边有"心脏微芽"，眼睛里边有"眼睛微芽"。父母的生殖细胞收集了全身的微芽，聚拢到一处，生出来的孩子，自然而然地遗传了父母的特征。父母的微芽肯定是做过混合的，当然也不见得是一半对一半。父亲眼睛微芽比较强，那么孩子眼睛长得像父亲，母亲耳朵微芽强，那么儿子的耳朵像母亲。达尔文这一套理论还可以解释无性生殖。而且达尔文最得意的是可以解释获得性遗传。父亲得了鱼鳞癣，细胞微芽也会把鱼鳞癣传给下一代。

拉马克认为物种都有向上的自发愿望。大家都是争上游，求上进的。长颈鹿努力伸长脖子够树上的叶子，父亲这辈子努力了，脖子长了一点，这点成果是可以遗传给孩子的。孩子继续努力，子子孙孙努力伸脖子。于是长颈鹿的脖子就一代一代的越来越长了。达尔文则认为脖子不够长的都淘汰了，不是他们主观有什么意愿。长颈鹿又没听过毛主席教导，它们哪里知道"好好学习，天天向上"？但是，有个问题要解决啊。变异是如何一点儿一点儿地积累起来的？达尔文认为一切都是渐渐变化的。长颈鹿的脖子总不能"砰"地一声突然变长吧。

那么变异如何积累呢？达尔文还不能放弃所谓的获得性遗传。

后来，达尔文的表弟高尔顿看到有关泛生论的部分，他觉得血液应该也含有微芽。他就做了个实验。从黑毛兔子的血液里面抽了血，然后注射到了一大帮灰毛兔子的血管里。然后让这一大群灰毛兔子繁殖，看看下一代是不是会变黑一点儿。结果兔子毛并没有变得更黑。高尔顿就写成论文发表了，达尔文一看，当即否认血液里面含有微芽。他还写了文章反驳，表兄弟俩还打起了笔墨官司，达尔文的理由就是血液不含有微芽，很多生物根本就没有血液，所以血液不算，最后高尔顿吵不过表哥，低头认输了。

1868 年，达尔文发表《动植物在家养情况下的变异》，里面提出了泛生子理论，泛生子的确可以解决这个问题。这可是一本很厚的书，有 1500 页。达尔文研究杂交的植物有 57 种之多。豌豆他也种过，而且他还种过 41 种英国和法国的豌豆变种。算上他以前的研究，他观察豌豆超过 30 年了。

可惜他观察了 30 年也都白观察了。他觉得自己的泛生论是靠谱的，因此他也就没去关注别的什么理论。孟德尔寄给他的邮件，他都没拆。他一看，来信的是个神父，恐怕又是上门踢馆的，就没拆开，扔到了一边。不过即便是达尔文看过，恐怕也是一头雾水。因为当时大家都没有在生物领域使用过统计学。统计学本身也是初创阶段，熟悉的人也很少。孟德尔的论文不是没给大家读过，大家都不知道他说的是什么，难怪被埋没几十年。孟德尔的可贵之处就在于他一下抓住了关键因素。他提出了遗传因子的颗粒性。一个因子可以不断地传下去，不打折扣。达尔文提出的这个微芽就不是颗粒性的，是可以相互混合的，是可以打折扣的。现在看来，达尔文的想法是不靠谱的。尽管他观察了那么多的植物，但是他没能排除各种各样的干扰因素。他也没有用数学工具，这不能不说是一种遗憾。

达尔文这几年一直在研究遗传问题。他觉得有了泛生论已经差不多够用了，他开始瞄向下一个目标了。他的进化论之中还有一块没有完成，那就是有关人类自身的进化。现在他要把主攻方向放在这里。不过他也知道，这本书将会比《物种起源》更麻烦。因为这本书里面有争议的部分实在是太多了。我们分几部分来大致讲一讲，我们也能体会到达尔文为什么小心翼翼。

达尔文用了长篇大论来讲述人是由古代的类人猿慢慢演化出来的。第一章里面先把人体结构分析了一下，他的目的是为了证明人不过是个哺乳动物而已。我们人类和动物其实很多结构是蛮像的，我们并不特殊。可是人有智力，动物没有。达尔文花了不少的篇幅来介绍，其实动物也不是没智力，只是比较低。动物与人相比只是量变，不是质变。有人说，只有人有抽象思维，别的动物都没有。达尔文举了一个例子，一条狗，突然看见远处也来了一条狗，好像不怀好意的样子，于是这条狗就警觉起来。离得近了，一看原来是自己的朋友，立马就放松了。达尔文认为最开始这条狗看到对面的狗的时候，看到的是个抽象的概念，后来看到的才是具体的狗。因此不能说狗没有抽象思维。狗能听懂人的口令，口令也是抽象概念。

达尔文觉得，要是人和猩猩是类似的，那么人的起源地应该在非洲。人浑身没毛，想来应该是从暖和的地方起源的，应该是热带。没毛显然是对环境的一种适应。

人类的起源是一段波澜壮阔而又荡气回肠的历史，我们现在了解的比达尔文那个时代要多得多了。这一部分虽然挑战了圣经，但是这部分算是前面《物种起源》的延续，该吵的都已经吵过了。麻烦的是如何解释社会与道德是怎么来的。达尔文给自己挖了个大坑。假如人是类人猿演化出来的，那么就没给道德的产生留下空间。自然选择是怎么演化出道德的呢？

达尔文大概做了个回答。两个部落相互干仗，谁更有竞争力呢？显然是人多的占便宜呗！但是光人多不行啊，你总要有良好的纪律吧，你总要服从指挥吧。当然是成员之间相互帮助的部落战斗力更强。而且忠诚也很重要的。内奸会被本部落成员毫不犹豫地处理的，个体被淘汰出局，这也是自然选择啊。自私自利的，合作太差，老是吵架的团队，无疑是没有竞争力的，打起来必定是输家。

为什么会有英雄呢？为什么有人会舍己救人？这些也能通过自然选择产生吗？达尔文都做了回答。现代生物学里面称这种行为叫"利他主义"，也是非常值得研究的东西。相互帮助是怎么形成的呢？人与人之间的关系非常复杂。因为不仅仅是竞争的关系，还有大量合作存在。所以，谁名声好，谁名声差，社会内部必须要有评价体系。各路小道消息和八卦也是演化的产物，能起到监督作用。从个人到部落，达尔文都做了论述。剩下的就是难啃的骨头了，那就是国家和文明。野蛮人显然没多少怜悯之心，你要是个残疾，那就只能被无情地淘汰。可是文明社会就不同了，社会救治体系会帮助弱势群体。当时种牛痘预防天花已经是很普遍的事儿了。牛痘的发明把那些本来该被天花淘汰掉的人给救回来了，使得比较差的个体也能存活下来。政府还建了福利机构来帮助那些社会上的残疾人。这些脆弱的成员也一样可以留下他们的后代。要是照着育种专家的意见，这种个体你保留它干什么呢？这会造成种群退化的。达尔文写到此处就抑制不住自己的道德感了，他说我们人类是富有同情心的，怎么能眼巴巴地看着他们死掉呢？这是我们本性中最崇高的部分。哪怕你再理性，心肠再硬，你也拗不过同情心的。横加抑制，必定会对我们内心最崇高的部分造成损失。

在达尔文看来，人的自然选择依靠的是两大要素，出生率和死亡率。有的人能活下来，有的人半途死了。有的人后代多，有的人后代少。什么叫作"文明国家"呢？就是拥有能够"阻碍淘汰进行"的医疗、卫生及福利系统的国家。可是这么一来，整个种群不会严重退化吗？人类会不会也这样呢？达尔文说不会的，别担心。因为那些质量差的人类是没机会留下后代的，道理很简单，他们都结不了婚，这些人真是太悲催了。

听一听　　　听一听

第 12 章

性选择多姿多彩，凤求凰百怪千奇

达尔文在《人类起源》这本书里面又引出了自然选择之外的另一个选择机制。达尔文观察到了一个有意思的现象，那就是在同等条件下，已婚者的死亡率低于未婚者。达尔文当时掌握的数据是同一个地区，同一个年龄段。未婚者的死亡率是已婚者的两倍。达尔文有两个办法来解释这一现象：

1. 婚姻本身可以使死亡率下降。结婚以后两人互相扶持，互相帮衬，恩恩爱爱，甜甜蜜蜜，白头偕老，比翼双飞。幸福感使人身心健康，死亡率下降。婚姻是长寿的一个重要原因。

2. 剩男剩女们本身质量就不怎么样，都是在婚姻市场里面推销不出去的。因此寿命短也是常理。在这个论断里面，短寿和结不了婚是一个原因导致的两个结果。

到底哪个原因才是正确的呢？这可就难说了。达尔文显然倾向于第二种。即便我们用医疗和福利手段帮助一些人避免了自然淘汰，但是仍然无法躲过婚姻这一关。因此人类种群是不会退化的。那么达尔文的想法对不对呢？科学家们已经吵了很长时间了。有关种群和社会学领域的事是非常复杂的。20 世纪 60 年代，科学家们做了统计，他们还是发现，同一个地方、相同年龄、生活条件类似的人，男性不结婚者死亡率是结婚者死亡率的 1.8 倍。女性好一点儿，大约 1.5 倍。可是到了 70 年代，差别就已经很小了。到现在，剩男剩女已经很普遍了，已经不能说明什么问题了。况且达尔文在论证的时候也不严谨。婚姻市场歧视的是不健康的人。但是不健康未必与遗传有关系。一个健康阳光的小伙子因为见义勇为而导致了残疾，与遗传就没什么关系。婚姻市场的筛选未必能筛出优秀的遗传因子。从这一点上讲，达尔文是不严谨的。

20 世纪很多国家都出台了优生法案。他们还是信不过达尔文的理论。不怕一万，就怕万一，万一有哪种劣等基因，在性选择的大过滤器面前漏过去了呢？这东西不可不防啊！特别是纳粹德国，他们推出了优生法案，对遗传病患者强制绝育，还有不少国家也在搞类似的东西，追根溯源居然是美国人最先搞出来这种东西的。不过这些法案到了 20 世纪中期被普遍废除了。现在还有一小撮人支持这种做法，不过那绝对是少数派。说到底，这根本就不是一个问题。

达尔文花了最多的笔墨去描述大自然中的性选择，人类从篇幅上不占大头。从更加广阔的视角去看待这个问题，这个问题更加有趣。达尔文首先描述的就是第二性征的问题。通俗地讲，任何雌雄相异的动物，生殖器官必定不同，这就是第一性征。但是动物身上很多东西与生殖器官没有直接关系，往往雌雄差异也很大，这就是第二性征。通俗地讲，不看性器官也能分出来雌雄，这是为什么呢？达尔文是一层层展开推理的，同一种动物，生活环境都差不多。为什么雄性和雌性长相差得那么远呢？是什么造成这种差异呢？

图 56　非洲盾臂龟情侣

有些动物的性别差异是可以用自然选择来解释的。比如说某些乌龟，公的腹部龟壳是凹进去的，母的一般是平的。这是为什么呢？道理很简单，乌龟交配需要公的爬到母的背壳上，乌龟壳多滑溜啊，公的肚子没有凹坑的根本就趴不住，根本没办法留下后代。久而久之，筛选淘汰，公的腹部龟壳都是凹进去的。乌龟腹部的差异可以用自然选择来解释，毕竟这种结构是有用的。但是很多动物身上的特征根本是个累赘，为什么就没有被大自然给淘汰呢？

图 57　象海豹情侣

比如巨大的鹿角，鹿角固然巨大，非常不方便，甚至到了累赘的程度，但是打起架来真给力啊。雄性体型一般都比较大，身大力不亏，打架赚便宜。再比如象海豹，雄性体长 4～6 米，体重 2～3.6 吨。雌性可就小得多了，只有雄性的一半。当然，雄性也不是越大越好，万一雄性象海豹一翻身，把雌性海豹给压死了，这如何是好呢？因此体型也需要适可而止。大自然处处充满博弈平衡。

达尔文把性选择总结为两大类，一类是雄性竞争，一类是雌性选择。雄性之间一般来讲是充满战斗的，争夺的就是传宗接代的权利。哪怕是人类也不例外，当年俄国大诗人普希金就是为了捍卫自己号称莫斯科第一美女的妻子而跟人决斗，最后不幸去世的。

话又说回来，雄性不管如何竞争，还需要雌性点头才行啊，这就是所谓的雌性选择。

就拿孔雀为例，雄性孔雀有着巨大的尾巴，说是尾巴，其实是背部的羽毛太长了。羽毛长这么长，其实没什么用。打架用不上，毕竟羽毛是软的。吃东西也用不上，飞行还增加阻力，颜色太鲜艳容易招惹天敌，敌人离得很远就能看见。而且羽毛也不是长出来了就一劳永逸，还要不断地换毛，羽毛每年会脱落。大清朝官员服饰顶戴花翎，就是用的孔雀羽毛。那需要多少孔雀羽毛啊。没关系，孔雀常常换毛，量还是够的。

总之，孔雀尾巴在达尔文看来没半点用处，孔雀的尾巴带来了很大的负担。从自然选择的角度来讲说不通。如果这种大尾巴是孔雀生存的必须，那么为什么雌孔雀就不需要呢？看来事情不是那么简单的。孔雀的尾巴只是装饰物。雌性为什么就喜欢这种"翻着花作死"的风格呢？是雌孔雀就吃这一套嘛。科学家们用维达鸟做过分组对照实验，尾羽长的雄性维达鸟容易得到异性的青睐。天堂岛上的极乐鸟因为生存压力不大，性选择

图 58　孔雀

就成了主要矛盾。所以极乐鸟才演化出那种一次能跳几个小时，而且动作花样迭出的求偶舞蹈。可以说是把翻花作死发挥到极致了。

同样的还有雄狮的鬃毛。雄狮的体型比雌狮大很多，而且脖子上有一大圈的鬃毛。这一圈鬃毛也给雄狮带来不少的麻烦。大家知道，雄狮一般轻易不参与捕猎，都是自家的妻妾上去捕猎。其实道理

也不复杂，雄狮体型太大。特别是脖子后边那一大圈鬃毛，显得体型更大。雄狮趴在草丛里老远就被猎物给看见了，根本就藏不住，草原上那些食草动物眼睛都亮着呢，所以雄狮捕猎的成功率不高。相反，体型较小的雌狮倒是容易潜伏在草丛里慢慢地靠近，然后发动突然袭击。雌狮虽然捕猎占便宜，但是因为体型不够大，常常被鬣狗群打劫。我曾经看到过一段视频，雌狮被一群鬣狗围攻，双方对抗很激烈，雌狮因为数量少，眼看顶不住了，忽然远处传来一声"狮子吼"，一只雄狮飞奔而来，瞬间扑倒一只鬣狗咬死，剩下的鬣狗作鸟兽散，扭头就跑，雄狮真是尽显百兽之王的威风。雄狮只有在这种看家护院、防止别的猛兽来侵犯的时候才会出手。当然，围捕大型猎物的时候，需要狮群全家老少齐上阵。好在雄狮身大力不亏，它们甚至敢围捕老弱的大象。

雌性选择包括许多种行为，比如蜜蜂会用舞蹈来表达求爱信息。萤火虫自然就靠夜里发光来吸引对方。"明月别枝惊鹊，清风半夜鸣蝉。稻花香里说丰年，听取蛙声一片……"你看，蝉鸣和蛙声都是在吸引对方的注意力。科学家们做过实验，用录音机录下蛤蟆的叫声，然后用两个扬声器放出来，哪边声音大，雌蛤蟆就往哪边蹦。看来声音也是一种很好的求偶方式。过去，大学女生寝室楼下，总会有弹着吉他唱歌的五音不全的男生，半夜里听见就别提多瘆得慌了。

"几处早莺争暖树，谁家新燕啄春泥"，仅有才艺还不够。织布鸟求爱之前先要筑巢。只会搭经济适用房的，八成就输给搭豪宅的。与人一样，房子也是很重要的。丈母娘拉升房价看来不完全是戏言。不过最难的还是要分辨各种各样的假信号，只看一个指标是远远不够的。需要综合考察，于是女方家里七大姑八大姨、各路亲戚朋友都派上了用场。

图 59　三刺鱼腹部变红

动物界浑水摸鱼的情况也不少见，比如说三刺鱼，身体健康没有寄生虫的雄性到了繁殖季节腹部就会变红。要是有寄生虫呢，身体就会黯淡无光。雌鱼主要关注的就是这样的特征。因为这样的雄鱼比较顾家，能够保护鱼卵，后代成活率也高。但是，有些混的不怎么样的雄鱼，也会采取浑水摸鱼的心态。腹部也会变红，达到欺骗的目的。毫无疑问，这种雄鱼通常都是渣男。雌鱼受骗上当多了，也演化出了综合考察的本事，不再单凭颜色来做决定了。

达尔文当时对雌性选择给出的解释是偏好和审美，人家天生喜欢这样的调调。颜值高就标志着这个家伙很厉害。可是大部分科学家是拒绝把动物的主观意识纳入到理论之中的，因为这东西难以检测。大家做了各种各样的实验，发现达尔文对现象的描述是正确的，但是大家不能接受他给出的解释。有一种理论认为，既然要给雌性一个足够强的信号，难免就要夸张一点儿，不然对方注意不到。另外一种理论就是，这种累赘和装饰性的东西其实就是在告诉大家，别看长得这么花哨，战斗力打了这么多折扣，人家还是活的好好的，可见竞争能力很强大，可见品种优良。一个废寝忘食、努力奋斗、死啃书本的尖子生不可怕，可怕的是吊儿郎当轻轻松松当学霸的那种人，而且人家可以在球场上任意驰骋，舞台上来个才艺表演也不在话下，那才让人不寒而栗呢。

尽管讲了这么多性选择，那么还有个根本问题没回答。为什么大型动物都是分两性的？对于雄性来说，它们要花费大量的时间和精力去进行性选择，寻找和讨好配偶，或为求偶而战，弄得伤痕累累乃至有生命危险，或许还无功而返。对于雌性来说，这种性选择的结果未必是如意的！要知道，两性繁殖只能传播自己一半的基因，另一半要交给那个不知道靠不靠谱儿的配偶。不管怎么选择，都是有风险的，看走眼也不罕见。

为什么生物要这么费力不讨好地进行有性生殖呢？生物一开始进行的是无性繁殖。无性繁殖是传宗接代的一种便利和有效的手段，它的好处相当明显。无性繁殖不需在其他个体的帮助下完成，后代的数量可从实质上得到保证。当一种有用的遗传特性形成以后，它不会很快被进化的过程所稀释；后代会跟母体一模一样。虽然无性繁殖存在众多的优势，但是还是被有性繁殖取代了。原因是性通过增加遗传变异有助于加快自然选择进程并使之更有效率。性允许好的基因更快地在群体中传播，同时让坏基因更快消失。有性生殖保证有大量的基因重新组合，从而创造了遗传多样性。

最近新西兰科学家在对酵母进行无性生殖与有性生殖的对比实验中发现：在生存压力不大的环境中，两种酵母生长速度相同；但在高温或高盐的恶劣生存环境中，有性生殖的酵母比无性生殖的酵母生长得更快。显然，两性间的基因交流对生物的生存是有利的。性受到自然选择的偏爱并不是偶然的。在自然选择的作用下，大家都会趋同，你看水里游的不管是鱼还是兽，都是流线型的体型。但是性选择恰恰相反，会把事物搞得千姿百态。广泛地讲，文学、音乐、艺术、竞技体育和财富都是性选择的一种表现形式。正是因为性选择的存在，我们的这个世界才变得如此丰富多彩。

达尔文 1871 年出版了《人类的由来》这本书。紧接着 1872 年就出版了另外一本书叫《人类和动物的表情》。达尔文本来打算把这两本书写成一本书，但是篇幅太长了。而且《人类和动物的表情》这部分内容的独立性很强。所以达尔文还是决定分开写。写这本书的时候达尔文已经 63 岁了，而且疾病缠身，精疲力竭。在他一生最后的 10 年里，这是很重要的一本书。

早年间，1838 年，达尔文偶然读到一本书，这本书是查理斯·贝尔爵士写的，他在这方面据说是专家。贝尔说人面部某些肌肉是人类独有的，其他动物根本就没有。这种肌肉的作用就是用来做表情的。18 世纪的很多思想家和政治家也普遍认为，脸红是人类所特有的表情，别的动物都不会。大猩猩会脸红吗？大猩猩整个一个大黑脸，红了你也看不出来。人类为什么会脸红呢？这是一种表示，表示这个人不老实，说的是假话。脸红是跟撒谎联系在一起的，这样谁说谎别人很容易分辨。因此我们人类才变得有道德讲诚信。表情这种东西就和语言与道德一样，是人类区别于动物的一大特征。

那时候，达尔文环球航行刚回来没多久。刚看到这本书的时候，达尔文就知道这个贝尔爵士闭门造车。达尔文很清楚，人类的面部肌肉和非人的猿类是完全一样的。达尔文很喜欢在书边上写批注，而且他也有保存资料的好习惯，后人看到了他当时写的这些批注。在这本书里贝尔爵士讨论了一块肌肉，这块肌肉负责让眉毛皱起来，而且能"无法解释，又无法抑制地传达出内心想法"。达尔文一看，这不是胡扯吗！他在猴子身上也看到过发达的皱眉肌。他在旁边的批注里面写了，八成这个贝尔爵士根本没研究过猴子。达尔文从此惦记上了人类和其他动物在表情上的延续性，整理资料就花了几十年，一直到垂垂老矣才开始动笔写书。

达尔文认为，人类和猿猴有着很多共同的地方，包括表情方面。我们高兴微笑，总会露出几颗牙齿。据说还有相关的行业标准，露出8颗牙齿最好看。我觉得大可不必这么严格，反正不管是开心的笑还是自然的笑，表达一种友善的情绪就行了。你看，人类表达友善的表情跟牙齿有关系，表达愤怒的情绪也跟牙齿有关系，比如"恨得牙根直痒痒，恨得咬牙切齿"。那么为什么表达情绪总是跟牙齿有关系呢？达尔文给出了一个解释。他说我们人类跟灵长类动物都有亲缘关系，我们有同一个祖宗。你看狒狒有很长的犬齿，黑猩猩也有锋利的犬齿。碰上两拨狒狒打架，先要把牙齿亮出来给对方看看，这是重要的攻击性武器。我们的祖先也是这么干的，露出牙齿与表达威胁或友善是有关系的。采用进化论观点就很容易解释这一点。否则的话，你怎么解释表达友善或者是威胁的表情跟牙齿有关系呢？根本没办法解释啊。只能往上帝身上一推，当初就这么设定的。

达尔文一开始只是想说明，从表情上来讲，我们与猿类是连续的，是一脉相承的。大家都有共同的祖先，因此大家有类似的习惯一点儿也不奇怪。这也只有用进化论才能解释。但是后来这个问题变成了次要的问题。达尔文花了大篇幅来讨论，为什么我们的表情是这个样子的呢？为什么用笑声来表达正面情绪，用哭声来表达悲伤？为什么用耷拉着嘴角、皱着眉头表达不爽呢？为什么耸耸肩表示无奈？达尔文观察了很多人，他特别留心别人的表情。孩子刚出生的时候，他也盯着看。反正他有10个孩子，不缺观察对象。他发现不管人的年龄大小，表情都是一样的。他还观察古代雕像，他发现好的雕塑都符合他的理论。他还给世界各地的人寄去问卷，看看全世界的表情是不是都类似。后来他得出结论，全世界都差不多。达尔文描述了三个基本原理。

1. 有用的联合性习惯原理；我们愤怒的时候经常会全身肌肉紧绷，握紧了拳头，恨不得咬碎后槽牙。这些动作都是和情绪联合在一块儿出现的。我们的祖先愤怒的时候，不是追别人就是被别人追。因此这一连串动作都有用。但是换到我们现在，那可未必。看电视里足球转播的时候，你支持的球队遭遇裁判黑哨，因此你很愤怒。捏拳头肌肉紧绷好像压根就用不上。但是你还是一连串的动作都做了。

   还有个例子，人在黑暗中感到恐惧的时候，你还是会不由自主地闭上眼睛。尽管这个动作没啥意义。黑灯瞎火，闭不闭眼也就那么回事儿。但是这个动作与情绪是联合的，是一种习惯。不过，达尔文还是认为闭眼不算无用的动作，尽管某些场合没啥用。

2. 对立原理；说白了就是情绪表达总有对立面，欢乐与悲伤，充满敌意与充满友爱。这些表情动作都是一对一对的。这一条原理算是上一条原理的对立面。达尔文为了论证这个命题，他给出了不少的图片，有猫的也有狗的，还有其他的动物。一只狗充满敌意的时候会紧绷肌肉竖起尾巴，同样是这只狗，态度友善的时候会肌肉放松，尾巴下垂，整个身体懒洋洋地趴在地上，显得很悠闲。这两种动作表情就是对立的。

3. 神经系统直接作用原理（由于神经系统的构造引起，起初就不依赖于意志，而且某种程度上不依存于习惯的作用原理）；这条原理名字很长很长，现在为了简化都叫作神经系统直接作用原理。很多表情是你自己都没办法有意识控制的，由神经直接作用或控制。达尔文对这条原理不太满意，但是有些情况前两个原理解释不了，不得不搬出第三个原理。比如吓得"浑身颤抖，体如筛糠"。颤抖就不受人主观意志的控制，真抖起来是停不住的。

表情是个很有意思的东西，到现在还有很多人在研究表情，比如说最近很热门的"微表情"。其实就跟达尔文提出的第三条原理有关系。可见达尔文老爷子还是研究表情的先驱者。同样，他也成了研究心理学的先驱者。当然，公认的现代心理学的发端是 1879 年莱比锡大学建立了世界上第一所真正的心理学实验室。

达尔文这几年里一直在写作，1875 年到 1880 年之间他一直在写一些植物学方面的书。1881 年，他写了一生中的最后一本书《腐殖土的产生与蚯蚓的作用》。这本书是写那些过去不被人注意的蚯蚓的。到现在为止，这本书也是写蚯蚓最好的书之一。达尔文很感慨，别看这东西小，假以时日，它们就可以改变一个地区的土壤结构。千万别看不起这些小东西。达尔文的这种思路，跟他的物种起源的思路是一致的。微小的变化日积月累也会造成很大的变化。

达尔文已经很衰老了，病痛一直折磨着他，他常去泡温泉。过去泡温泉可以有效缓解他的病痛，最近也越来越不济事了。他的《物种起源》在世界各地出版，需要翻译成不同的语言，他还要和翻译者讨论校对。全世界很多学者也和他通信，他的工作量并不小。

当年《物种起源》刚刚发表不久，始祖鸟就被发现了。这似乎是一种鸟和兽之间的过渡物种。也符合达尔文的渐变理论，生物的演化都是缓慢的、渐变的，一定会有过渡形态出现。但是那个化石落到了欧文的手里。而且化石有残缺，头部缺少了。最近又发现了一个有头骨的始祖鸟化石，保存在柏林。在当时的人看来，始祖鸟对达尔文的理论是个有力的支持。当然，我们现在知道，始祖鸟很可能不是鸟类的祖先，而更接近恐龙，有可能是伶盗龙的祖先。为什么认知上会有这么大的变化呢？还是跟我国辽西地区的一系列化石发现有关系。在辽西地区发现了一系列长着羽毛的小型恐龙，基本证实了鸟类的祖先就是一种小型恐龙。

达尔文这些年来一直在写书，随着他的书陆续出版，理论传播面越来越广，接受的人也就越来越多。但是大家对进化论的理解却未必和达尔文相同。我们现在看来，自然选择理论是达尔文思想的精髓。但是当时的人们并不是太喜欢这种冷冰冰的东西。1880年，赫胥黎曾经提醒达尔文以后少讲"自然选择"，因为讲起来要花很多的口舌，别人未必买账。达尔文还是不断地强调他的自然选择学说。

到了1882年1月，达尔文心脏病发作了，倒在楼梯上。幸运的是他被抢救过来了。后来他在院子外散步的时候又一次心脏病发作，他勉强撑着回到家门口。从此他再也不敢出门了。4月18日夜里，他再次昏倒。醒过来以后，他拉着妻子的手，跟周围的人勉强讲了几句安慰性的话。1882年4月19日凌晨4点，达尔文与世长辞，他走完了自己伟大的一生。

与他相濡以沫了一辈子的妻子爱玛本来打算把他安葬在庄园里，但是朋友们极力劝她，达尔文应该享受更高的荣誉。他们奔走了一番，达尔文最后被安葬在了威斯敏斯特大教堂，尽管他不信教。但是威斯敏斯特大教堂有点类似于国家先贤祠，为国家做出杰出贡献的人可以安葬在这儿。达尔文是有这个资格的。英国虽然在当时已经不再是世界科学的中心，中心已经移到了欧洲大陆的法国和德国，但是英国是一个出巨人的国度。有三本巨著成为近代科学的基石，一本是牛顿的《自然哲学之数学原理》，一本是麦克斯韦的《电磁学通论》，一本就是达尔文的《物种起源》，很巧，这三个人都是英国人，达尔文已经与牛顿比肩而立。

威斯敏斯特大教堂有一系列的名人墓葬。如文学家狄更斯、音乐家亨德尔、物理学家牛顿、诗人乔叟等，达尔文与他们葬在一起。葬礼非常隆重，抬棺扶灵的是胡克、赫胥黎、华莱士、拉卜克爵士还有法拉尔牧师、美国公使和英国皇家学会主席以及德文郡公爵、阿盖尔公爵、德尔比伯爵。参加葬礼的人还有英国、法国、俄国、德国、意大利、西班牙和美国的科学学会代表以及达尔文的亲朋好友。葬礼太隆重了，规格很高。达尔文的妻子爱玛没有参加，她想必还在纠结那个地狱和天堂的问题。

有一位老人已经年过六旬，本来他是一辈子也不打算走进教堂的，但是为了达尔文，他打破惯例，出席了葬礼。他毫无疑问是达尔文进化论的拥护者，他甚至早于达尔文产生了进化的思想。他把生物学的某些概念引入了社会学领域。既然人也是自然的产物，进化论被引入社会学领域也是拦不住的。特别是在美国，他的学说尤其流行。那时候的美国正在经历蓬勃崛起的镀金时代，那是一个弱肉强食的时代。

听一听　　　听一听

第 13 章

新势力：社会达尔文主义抬头

当时的人对自然选择并不买账，在把演化论引入社会学的时候，也是有意无意地忽略了达尔文的核心思想。为什么大家都不太喜欢自然选择理论呢？那是因为这个理论是冷冰冰的，很机械，一点儿没有人情味儿。物种个体的变异是随机的，凭着主观愿望控制不了，只能等着自然来选择，这个过程又不是自己能控制的。那你说，生物主观能动性都到哪里去了？可想而知，自然选择学说当然是不招人待见。所以大家就开始寻找新的进化动力。到底是什么在驱动着生物的进化呢？当时有三种理论很流行。

一种叫作"跃变论"。这是一些古生物学家提出来的，其中就有达尔文的斗犬赫胥黎。他们的主要证据就是化石。当时挖出的化石种类并不多，而且连续性很差。特别是很多过渡环节找不到。所以这帮古生物学家就鼓捣出了一个"跃变论"，说白了就是形态和器官的出现不是一点一点微小的变化积累起来的，而是突然有个大的变化，"砰"的一声就出现了。否则你怎么解释古生物化石连续性那么差呢？其实这也不奇怪，当时挖出来的化石数量根本不够多。当然会出现很多环节缺失。

第二种理论叫作"直生论"。达尔文认为进化是没有方向的。对"进化"这个词很多人是很有意见的，他们更愿意用"演化"这个词，因为演化是没有方向性的。生物演化轨迹就像醉汉走路一样每走一步都随机拐一个弯。你根本就不知道他会走出一个什么样的线路图。直生论显然不是这么认为的。他们认为生物的进化轨迹就是一根直线。已经事先设计好了蓝图，雷打不动地往前走。依靠的是一种"内在的种系动力"。他们的主要依据是什么呢？比如很多哺乳动物的牙齿和角有一个不断变大的过程。猛犸象的牙齿很长很长，这不是天生就这么长的，而是在进化的过程中一点点变长的。所以有些古生物学家就说，牙齿很短的时候，稍微长长几公分够干什么的？在竞争之中能获得什么优势呢？根本没什么用嘛！一公分长的不占优势，被淘汰了一大批，难道长到两公分就有优势啦？照样再淘汰一批。一批一批的淘汰，最后全灭绝了，根本进化不出长着几米长象牙的大象。要是按照达尔文的自然选择学说，根本就是不可能的。这事儿必定是内在因素导致的，而不是外在因素主导。自然选择就是外在因素。

当然，古生物学家们也不回避这种一根筋的进化方式很有问题。这简直是一条道跑到黑。没错，就是一条道跑到黑，比如爱尔兰麋鹿，一代代的进化，鹿角越来越大，最后达到根本没办法抬头的地步，而且很容易跟树杈纠缠在一起，于是爱尔兰麋鹿灭绝了。这可以说是一条道跑到黑的典型。这种理论在当时出现也不奇怪，说到底是因为挖出来的化石太少了。古生物学家们按照大中小排了排，基本可以摆出一个进化的路线。这个路线好像就是一根筋不分叉的。后来化石证据越来越多，缺失的环节都被填补了，大家才发现，根本就不是一根筋的进化路线，中间出现了很多的分叉。就拿爱尔兰麋鹿角来讲，就是我们所说的性选择的结果。而且爱尔兰麋鹿也不是因为角太大抬不起头得了颈椎病而灭绝的，也不是因为角经常挂到树杈上，而是因为冰川期结束，气候大变化造成的。最后仍然是可以用达尔文的学说来解释的。

这两种说法其实都不是主流，信奉者最多的一个理论叫作"新拉马克主义"。拉马克生前过得并不如意，过了几十年倒是开始大放异彩了。新拉马克主义的核心观点就是"获得性遗传"。他们认为自然选择不能说不起作用，但是主要是靠"获得性遗传"。就连达尔文自己也不得不给获得性遗传留下一席之地。这是一个充满了"正能量"的理论。你的努力不仅仅使你这一代获益，还可以遗传给你的子女。个人的奋斗是有用的。古代斑马为了逃命，拼命逃，锻炼出了强壮的肌肉。这是可以传给孩子的，于是孩子的肌肉也很强壮。一代代积累起来传下去，斑马也就跑得越来越快。

新拉马克主义不仅影响生物学界，在社会学领域的影响也很大。社会进化和文化进化的理论在欧洲思想界很常见。黑格尔出道可比达尔文早多了，他是一代哲学大师。黑格尔就认为人类社会的进步经历了不同的发展阶段。早期的思想家认为，斗争是社会生活的天然特征。这就跟生物界的情况很相似。霍布斯在17世纪写成的著作《自然状态》中已经出现达尔文所描述的对自然资源的竞争。但是达尔文认为，自然选择过程是可以产生出道德与情感的。但是很多人不认为道德能自然产生。很多人甚至觉得怜悯弱者是不对的。他们更加喜欢拉马克的理论，正是拉马克归纳总结了什么叫"低等动物"，什么叫"高等动物"，生物界也是有三六九等的，生物总是由低到高力争上游的。对于很多社会学学者来讲，他们也是这么认为的。社会发展也是分阶段的，由低到高，由落后到先进，很有代表性的一个人物叫作斯宾塞。

还记得我们讲到的那个老人吗？他还破例出席了达尔文的葬礼，他就是斯宾塞。他第一个把"适者生存"这句话应用到了社会领域。他在社会达尔文主义方面的重要著作《进步：法则和原因》比《物种起源》还早两年出版，他的第二本著作《第一原理》出版于1860年，跟《物种起源》是前后脚。但他的思想的确应该归类于"社会达尔文主义"。他认为，自然选择产生的进化不仅表现在生物学，而且也发生在社会领域。但是他的思想显然跟达尔文的思想有差别，达尔文可没说谁高谁低。但是斯宾塞还有后来的一些人，他们把"适者生存"理解成了"强者生存"。这样的人在19世纪末到20世纪初还特别多，后来普遍称他们的思想为"社会达尔文主义"。当然，这个"社会达尔文主义"也是个大杂烩。有人强调社会进步不可避免，有人强调人类不搞优生优育的话，就会不断退化。总之是鱼龙混杂，什么人都有。但是，他们都认为人有高低贵贱，社会有先进落后，社会发展是一根筋的，是从低到高的，华山一条路，别无它途。

这种思想的产生不是没来由的，从 19 世纪 70 年代开始，欧洲开始进入帝国主义时代，殖民主义盛行。他们当然要给自己的行为寻找一些冠冕堂皇的理由，社会达尔文主义的思潮可以说是应运而生。他们说，北欧的日耳曼人是优等人种，因为他们在寒冷的气候中进化，冰天雪地迫使他们发展出高等生存技巧，在现在这个时代，表现出来的特点就是热衷于扩张和冒险。另外，非洲太暖和了，活得太滋润，一大堆的懒汉就被保留下来了，没有被淘汰掉。北欧就不一样啦，淘汰速度要快得多，所以寒冷地区应该是更彻底地淘汰体格软弱和低智力的个体。大日耳曼主义者还论证，如果动物在体能和智力上适应其所在地气候，那么人类也是如此。这些思想得到当时很多人类学家和心理学家的全力支持，其中包括著名生物学家托马斯·赫胥黎。所以，很多知识分子还是蛮喜欢这一套的。

社会达尔文主义者的种族观念也挺凶狠。他们认为，一个种族为了生存必须具备侵略性。白种人被看作是最伟大的人种是因为他们具有优越感和征服欲。白人在有些地方征服了野蛮人，在另一些地方则干脆将他们灭绝，美国人在北美洲把印第安人折腾得没剩下多少。英国人在新西兰和澳大利亚也把土著人折腾得很惨。当然，他们也没法睡踏实觉，因为他们要时时刻刻提防黄种人和棕色人种的反攻倒算。这是对外，对内，他们也不同意搞什么福利政策，他们认为有些人就该淘汰。达尔文的表弟高尔顿就是这么想的。高尔顿认为人的生理特征明显地世代相传，因此，人的脑力品质（天才和天赋）也是如此。那么社会应该对遗传有一个清醒的决定，即：避免"不适"人群的过量繁殖以及"适应"人群的不足繁殖。高尔顿认为，诸如社会福利和疯人院之类的社会机构允许"劣等"人生存并且让他们的增长水平超过了社会中的"优等"人，如果这种情况不得到纠正的话，社会将被"劣等"人所充斥。因此高尔顿也就成了优生学的鼻祖，不过高尔顿也只是说说罢了，他也没采取什么行动。

这些社会达尔文主义者在美国也很有人气。斯宾塞人气就很高，当时美国正经历"镀金时代"，那是美国崛起的爆发期，大家都经历了残酷的市场竞争，美国已经成为冉冉升起的工业化强国。弱肉强食这一套丛林法则自然有不少人喜欢。对于我国来讲，社会达尔文主义的影响也很大。因为达尔文的进化论在进入我国的时候，就目的不纯。我国正在经历"三千年未有之大变局"。严复翻译《天演论》的时候夹带了不少私货，大家是可以想象的。奋发图强的民族主义思想很浓烈，比如我国广为流传的一句话叫作"落后就会挨打"，这句话就是典型的社会达尔文主义。说到底，就是把生物学里面某些还不算成熟的东西生搬硬套到了社会学领域，他们拼命强调竞争关系，他们忽略了人与人之间还有大量协作关系。所以搞出了一系列的衍生理论，比如种族歧视，比如优生学。整个 20 世纪前半段的社会发展与变故多少都跟这些思维有关系。希特勒也不是凭空冒出来的。

我们回到生物进化这个话题上。当时整个社会上弥漫的气氛就是这样的。生物学界普遍认为新拉马克主义应该是主流。达尔文的那种演化思想其实是不受欢迎的，所以后来大家把这个时期叫"达尔文日食"，达尔文的思想被遮蔽了。但是新拉马克主义都是空口白牙，没什么实验来验证。毕竟生物学已经开始逐渐变成自然科学了。19 世纪末，大家都认可"用进废退"。即便是达尔文的《物种起源》这本书也不得不保留"用进废退"的一席之地。但是到了 20 世纪，这显然是不够用的。那么能不能用实验来验证呢？还真有人去做实验了。

法国的生理学家塞奎做了一个实验，这个实验是用豚鼠做的。把豚鼠的脑子搞坏，看看繁殖以后，后代会出现什么情况。果不其然，豚鼠的后代里面出现了癫痫。你看，这不是板上钉钉的证据吗？新拉马克主义者经常喜欢引用这个实验的结果。可是立马有人跳出来反驳了。

这个人叫魏斯曼。他为什么觉得有问题呢？因为他认为，弄坏豚鼠的脑子以后，产生了一些毒素，这些毒素进入子宫里面伤害了豚鼠的宝宝。所以呢，豚鼠宝宝出生以后，有一些出现了癫痫症状。这个实验并不能说明获得性遗传是对的，不能排除其他的原因，这个实验不算数。那帮新拉马克主义者没词儿了。是啊，这的确没办法说明问题。

图 60　魏斯曼

那么魏斯曼是何许人也呢？他是个德国人，本来是研究实验动物学的，研究昆虫的变形和水螅的性细胞。后来他的眼睛出问题了，没办法看显微镜了，因此才转过头来搞理论研究。正好达尔文的《物种起源》正在大热，也出了德文版，他就开始研究进化论了。达尔文的理论他是很了解的。魏斯曼非常喜欢自然选择学说。自然选择理论虽然是冷冰冰的，但是讲得很有道理，生物的演化是没有方向的，适应环境的就能生存下来，不适应的就被淘汰，自然环境就是个大过滤器。他早先也接受获得性遗传的理论。毕竟那年头大家都认为有道理。但是没多久，魏斯曼就 180 度的大转弯儿，他完全抛弃了获得性遗传的理论。因为他做了一个实验，事实摆在面前，不认账不行。

那么，魏斯曼做了个什么实验呢？首先他找来一公一母两只老鼠，先把它们的尾巴给截断了。让这两个秃尾巴老鼠生孩子，看看孩子里面有没有断尾巴的。假如有，那么就说明获得性遗传的确存在。

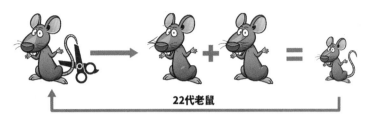

22代老鼠

图 61　魏斯曼的老鼠尾巴实验

结果生下了一窝小老鼠，小老鼠的尾巴都是好好的。好在老鼠生孩子快，俗话说的好，一公一母，一年二百五。那就玩命下崽儿吧，魏斯曼一连折腾了 22 代老鼠，没有一个尾巴折断的。魏斯曼还拿尺子仔细量了，没有哪只老鼠尾巴短得不正常。看来，损伤是不能遗传的。新拉马克主义者开始咬文嚼字。获得性遗传就是用进废退。老鼠尾巴被切断，不是老鼠自己的意愿，也不是老鼠自己锻炼出来的，这不能算"获得性"，只有老鼠自己努力奋斗获得的东西才能算数，外部损伤不算数。

魏斯曼鼻子都气歪了。那好吧，外界损伤不算数，那么先前切豚鼠的脑子那个实验，是不是也不算数啊？新拉马克主义者无言以对。那么，两边都不算数，扯平了。

新拉马克主义者还有别的证据。有的动物长期在地下洞穴里生活，反正洞穴里乌漆墨黑的，要眼睛也没什么用。因此，长期不用，眼睛就退化了，父亲这一代退化了，遗传给了儿子。儿子一出生，眼睛就不好。孙子眼睛更差，慢慢地一代代积累，这些穴居动物的眼睛就彻底退化了。达尔文在《物种起源》里面就写过，这总不好否认吧！达尔文也是承认用进废退和获得性遗传的。

但是，反面的证据不是没有。有些现象，用进废退是无法解释的。比如昆虫的拟态。昆虫的拟态是很常见的现象，比如枯叶蝶伪装成一片枯萎的落叶，竹节虫长得酷似竹节，它们都很低调啊。还有一类拟态是属于"警告色"。这些虫子普遍都很难吃，它们的鲜艳颜色是警告鸟类："别过来，离远点儿，我不好吃"。一个叫作贝茨的生物学家又发现了另外一种拟态，某一地区的蝴蝶，花纹都长得差不多啊。有的蝴蝶，鸟类是不能吃的，其中有一种蝴蝶叫透翅蝶，翅膀仿佛是透明的。有的蝴蝶是鸟类可以吃的，但是它们也有自己的生存策略。它们山寨了一个透翅蝶的外观，长得跟透翅蝶差不多，它们通过冒充透翅蝶，从鸟类的眼皮底下混过去了，有效地保护了自己。

但是，问题来了，假如用进废退学说是成立的，蝴蝶做出怎么样的努力，能改变翅膀的颜色呢？你努力奋斗的确是可以使你的肌肉更强壮，这倒还说得过去。你说，蝴蝶如何锻炼才能改变翅膀的颜色呢？根本说不通。相反，用自然选择就很容易说通，碰巧长得像透翅蝶的恰好骗过了鸟类嘛！人家有机会产卵下崽儿。那些长得不像透翅蝶的都被鸟吃了，没留下后代，这就是自然选择嘛。假以时日，这帮山寨货就长得越来越像透翅蝶了。

魏斯曼当然坚定地相信自然选择理论。他认为这才是达尔文理论的精髓。他对达尔文的理论做了第一次大修正。当然啦，这一次修正主要工作是"提纯"，他只保留自然选择理论，其他的全剔除了。他这一派的理论被称为"新达尔文主义"，也就是排除了获得性遗传的达尔文主义。这可以算是达尔文理论的 2.0 版，达尔文的理论以后还要面临一次大升级，无数的小补丁，这是后话暂且按下不表。

魏斯曼是德国人，德国当时已经崛起为一个强大的工业化国家。有两样东西特别厉害。一个是化学工业。另一个是光学仪器。到现在，德国光学仪器还是出名的。比如蔡司、莱卡都是名牌，日本光学

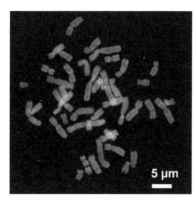

图 62 人染色体（中期）

还是跟德国人学的。不过这师徒俩现在谁厉害，那就不好说了。德国当时制造的显微镜很厉害，能放大 1000 倍。后来，放大倍数几乎达到了当时光学显微镜的极限——2500 倍。

即便有了好的显微镜，但那时很多细胞内部的结构仍然看不清楚，因为它们几乎都是透明的。你隐隐约约看到有东西，但是看不太清楚。德国当时染料工业也很发达，这就为研究细胞带来了便利。有人就开始用各种各样的染料来上色。1858 年，德国科学家弗莱明将一种染布的洋红染料滴进去，细胞核比细胞质的颜色要深一些。1865 年，大家发现另外一种染料效果更好，这种染料叫作"苏木精"。现在科学家手里有了两样利器，一样是高分辨率的显微镜，一样是染料。1879 年，弗莱明观察到了细胞是怎么分裂的。他发现细胞分裂过程中，细胞核里面的小颗粒和丝状物质都浓缩到一起，形成一定数目和一定形状的条状物。细丝状物质被染色了，所以看得很清楚，这些东西纵向裂开，分别移向两个子细胞。到 1882 年，弗莱明详细描述了有丝分裂过程。他发现，每一个物种的细胞中都有数目稳定的染色体，染色体这个名字是 1883 年正式命名的。

也就在 1883 年，比利时的胚胎学家贝内登用马蛔虫做实验，他发现马蛔虫的性细胞里面染色体数量只有体细胞的一半。受精卵里边染色体就凑齐了，数量和体细胞一样了，一半来自父亲，一半来自母亲。然后就是分裂过程。于是，有四个德国科学家独立得到了这个结论：遗传跟染色体有关系。他们是魏斯曼、赫特维奇、克里特、斯特拉斯伯格。魏斯曼已经知道染色体就是遗传物质的载体。要不他怎么坚决地反对新拉马克主义呢，遗传学的发展给了新拉马克主义很大的打击。

过去中学生物课上只是泛泛地讲到达尔文的《物种起源》，仿佛进化论就这么确立了，大家哪里知道，这事还要再折腾一百多年。新拉马克主义和新达尔文主义都已经冒出来了。在20世纪初吵得天翻地覆，互相都说服不了对方。

魏斯曼认为，遗传跟其他细胞没什么关系，只跟性细胞有关。再具体点儿，就是性细胞里的染色体。既然如此，其他细胞无论发生怎么样的变化，也不会影响到性细胞。因此所谓"获得性遗传"是根本不可能的。性细胞里面必然存在一种遗传物质，能够世世代代地传下去，应该就是染色体。魏斯曼称为"种质"。种质与体质是隔离的，体质如何变化，都不会影响到种质的。因此获得性遗传不成立。魏斯曼是用思辨的方法提出了遗传的理论。他从理论上否定了获得性遗传。他还认为两性繁殖正是变异的来源，毕竟排列组合是千变万化的。

但是新拉马克主义者是不甘心的，他们还在做各种各样的实验来证明"获得性遗传"。奥地利的一个科学家叫卡姆梅勒，他特别热衷用两栖动物来做这种实验。首先他选中的是蝾螈，有的蝾螈的肤色是全黑的，有的长着黄色斑点。卡姆梅勒把蝾螈养在全黑的环境里，他报告说，蝾螈背上那些黄斑渐渐地都没了。只在背部中间还剩下一点儿。它们的后代也是黑不溜秋的。把它们放到黄色的环境里面，背上的黄斑就会连成一大片。后代背上也有不少黄颜色。可见这个特性不但可以后天获得，还可以遗传下去。

卡姆梅勒做的最有名的实验叫作"产婆蟾"实验。产婆蟾是一种陆生的蛤蟆。水生的蟾蜍，公的都有个黑色的指垫，这样交配的时候就可以抓住母蛤蟆，省得手滑。陆生的蛤蟆不需要这个东西，水里的才需要。卡姆梅勒逼着陆生的产婆蟾生活在水里，那些产婆蟾繁殖了几代以后就绝嗣了。你说这蛤蟆倒霉不倒霉啊，人家就不是水生的，非逼着人家住在水里。人家能不绝种吗？但是据说有的蛤蟆长出了水生蛤蟆才有的黑色指垫，而且一代比一代明显。你看，这不是用进废退的好证据吗！而且还能遗传，刚好证明了获得性遗传。

图 63　卡姆梅勒和他的产婆蟾

卡姆梅勒这个实验是在第一次世界大战之前做的，后来被打仗耽误了。一战结束以后，他就带着这一堆蛤蟆标本开始周游列国。说白了就是为拉赞助，没钱是万万不能的，养蛤蟆也需要花钱。1923 年，他到了英国。遗传学家贝特森越看越不对劲，要求检查标本。卡姆梅勒死活不让别人检查。后来有的生物学家想重复卡姆梅勒的实验，大家养了一堆蛤蟆，没有一个长出指垫的。

从 1923 年到 1926 年，总有人想检查卡姆梅勒的蛤蟆标本。卡姆梅勒不给看，坚决不给看。后来国际舆论压力太大了，卡姆梅勒不得不同意美国自然历史博物馆爬行类馆的馆长和维也纳大学一位教授合伙检查他的标本。他俩仔细一检查，发现这个黑色指垫是拿墨水涂上去的。他们给英国的《自然》杂志写了一封信，把这事儿给揭露出来了。科学界立刻舆论哗然，原来是一场不折不扣的学术造假。

一个多月以后，卡姆梅勒开枪自杀身亡。本来他已经接受了莫斯科大学的邀请，到那里主持学术工作。他自杀前写了一封信给莫斯科大学辞职。他在信里说了实话，当年拿蝾螈做实验的时候，那些蝾螈是拿墨水涂黑的。做产婆蟾实验时，指垫也是用墨水涂黑的，完全是学术造假。但是卡姆梅勒也在喊冤叫屈，他说不是他自己干的，是别人骗了他，他也是受害者。他最后一死了之，再也没人知道究竟是别人害他，还是他自己造假了。

听一听　　　听一听

第 14 章

摩尔根的果蝇：重新发现遗传学

魏斯曼提出了种质学说，而且他认为正是两性繁殖，使得变异大大增加。毕竟排列组合可以拼凑出千变万化的可能。当时，各种遗传理论也都很多。除了种质学说以外，达尔文不是还提出过泛生论吗？后来荷兰人德弗里斯还搞出了"细胞内的泛生论"。反正当时学术界一片吵吵嚷嚷的。这么吵架不是个办法，于是一群研究者奔向田间地头，开始搞杂交试验，其实就跟孟德尔当年搞的杂交试验差不太多。果然没有多久，有三个人就宣称自己搞出了结果。

这三个人是谁呢？首先是德弗里斯，德弗里斯很厉害，他也是通过思辨的方式提出了"细胞内泛生论"，他所提出的泛生子，其实就跟今天我们说的基因差不太多，但是很多细节描述是错的。

1886 年，他在一块废弃的马铃薯地里意外地发现了两颗与众不同的红杆月见草，他很好奇，就带回自己的实验室里面研究。他让这两颗奇怪的红杆月见草繁殖，发现在儿子和孙子之中出现了新的类型，这些新类型跟父母长得都不一样。比如小月见草、晚月见草和红斑月见草，等到重孙子这一代，又出现了新类型巨型月见草，为什么子孙之中居然有变异这么大的品种呢？德弗里斯并不能回答这个疑惑。

德弗里斯在试验田里陆续搞出了几十种月见草的品种。由此，德弗里斯提出了一个很著名的"突变论"，他提出了遗传突变的"偶然性""多向性""周期性""稳定性"以及"突变频率"（德弗里斯认为在月见草中达 1% ~ 3%）等。他的理论解释了许多达尔文进化论的困难之处，他认为生物的变化不是渐变的，而是突变的。从一个物种，"砰"的一声变成另外一个物种。后来其他人重复了他的实验，发现那些月见草的品种不是什么新物种，只是原有品种的变种，是因为染色体出问题导致的，跟我们后来知道的基因突变不同。所以德弗里斯的突变论基础并不牢，可以说是歪打正着。但是德弗里斯也有意外的发现，那就是他发现了一大堆的 3:1，绕了半天，他回到了孟德尔的道路上，他等于是用别的植物把孟德尔的实验重新做了一遍。

德弗里斯在巴黎法国科学院宣读了一份论文，叫作《关于杂种的分离定律》讲的就是这一大堆的 3:1 的情况。另一位科学家叫柯伦思，他看到这篇文章以后，马上写了一篇评论。他的意思就是，德弗里斯简直是把孟德尔的实验重复了一次，但是他居然一个字也没提到孟德尔，而且他对这个 3:1 的理解也不深刻。德弗里斯在论文出德文版的时候，赶紧把孟德尔的内容给补进去了。他说自己是写完论文才看到孟德尔的文章的。其实，他以前是看到过孟德尔的文章的，只是他当时注意力不在这里。

柯伦思在读到德弗里斯的文章之后一个礼拜就向德国植物学会提交了一篇论文，题目倒是旗帜鲜明地把孟德尔拉上了，叫作《关于种间杂交后代行为的孟德尔遗传定律》，他说，我还以为自己搞出了什么新理论呢，原来孟德尔院长在几十年前就已经提出了和我以及德弗里斯一样的理论了。不过他还是强调，自己是独立想出来的。那时长夜漫漫无心睡眠，他睁着眼睛等待天亮，脑子里突然灵光乍现想通了这个道理。你看，这多有戏剧性啊！其实，他妻子是耐格里的侄女，耐格里长期跟孟德尔通信。因此这个柯伦思很有可能早就知道孟德尔的理论了。

还有一位，他也宣称独自发现了孟德尔的遗传定律，此人叫丘歇马克。他发表了一篇论文叫作《豌豆的人工杂交》。原来他也是跟豌豆死磕。他当时还很年轻，才二十来岁。在他的论文里，很多东西没搞清楚，比如说显性隐形他就没搞清楚，分离规律也没搞清楚，还有就是著名的 3:1，他也不是太清楚。尽管他后来自称重新发现了孟德尔的遗传定律，其实不能算数。

这三个人都宣称自己是重新发现孟德尔定律的人，但是他们几个都是有缺陷的。真正离孟德尔最近的一个人不是他们，而是英国的贝特森。1897年，贝特森就用鸡做了杂交试验，看看鸡冠子差异和羽毛的颜色。他发现了3:1这个统计规律。而且，这些杂交的后代们再次繁衍会出现什么情况呢？他也做了研究。1899年，他在植物杂交工作国际会议上宣读了一份论文，题目是《作为科学研究方法的杂交和杂交育种》。他提醒大家，要注意单个性状的遗传。他已经感觉到遗传是颗粒性的，不是混合性的。要想发现规律，就必须要注意杂交的子代们的统计，不用统计学那是不行的。所以这个贝特森是真的已经摸到了门边上。这时候，德弗里斯把自己的论文寄给他。看到有关孟德尔的内容，他一拍大腿，天哪！这个人几十年前就已经发现了这个遗传规律啦，太了不起了。

贝特森从此到处宣讲孟德尔的理论，英语世界都知道有这么个孟德尔了。但是当时还有一大堆人在反对孟德尔的理论，这几位还挺牛的。首先达尔文的表弟高尔顿反对，他就是搞统计学的，还有威尔登和皮尔森也都反对，他们也都是搞统计学的。就像赫胥黎是达尔文的斗犬一样，贝特森也是孟德尔的斗犬。贝特森本来和威尔登是好朋友，也因此而友谊破裂，真是"友谊的小船说翻就翻"。贝特森后来做了大量的杂交试验，发现了孟德尔的不足之处。比如一个性状其实是多个基因在控制，而不是一个，那比例就不是3:1了。半显性性状，孟德尔也没有发现。"纯合体""杂合体"这些词汇也是他提出来的。一直到1910年，贝特森都是属于激进分子，但是到了1910年以后，他就落后了，他变得比较保守。当时大家都知道染色体是遗传的物质基础，他就怎么都不肯相信这一点。后来他去了一趟摩尔根的实验室，看了摩尔根那一大堆果蝇，他才相信这是真的，时间已经是1921年了。

摩尔根在生物学课本上也都讲到过，他是 1909 年开始折腾这些果蝇的。他申请哺乳动物的研究经费，没能获得批准。做实验是要花钱的，摩尔根没钱啊。他偶尔发现了果蝇这么个好东西，果蝇吃得很少，给点香蕉就能养一大群，而且繁殖快，成本低廉。第一只养果蝇的瓶子据说还是他从别人家门口顺手牵羊给顺来的。最早一批果蝇是从实验室门口的烂菠萝上抓来的，根本没花钱。摩尔根的实验室也很小，几个人真是肩并肩地工作，不然容纳不下。

摩尔根一开始并不想验证遗传规律，他只是想研究德弗里斯的突变论。所以这一群果蝇算是倒了血霉。化学药品处理、高温处理、放射线照射、X 光照射，简直是"满清十大酷刑"。到最后，也没搞出什么结果。摩尔根当时已经 48 岁了，他一开始不相信染色体是遗传载体，但是就在很短的时间内，他的态度有了个 180 度的大转弯。这还是一个意外的发现引起的。

图 64　摩尔根

果蝇都是红眼的，在此工作的布吉里斯拿着一只装满果蝇的瓶子正要去销毁，突然看到一只白眼的变异个体。于是，这只果蝇就成了遗传学史上最著名的动物。要说这位布吉里斯眼神好吧，还不能这么说，因为布吉里斯是个色盲……

经过一系列的繁殖实验，摩尔根确认白眼的基因位于 X 染色体上，此时已经是 1911 年了。1915 年，摩尔根的实验室已经发现了 85 种突变基因的遗传。所以说，能上中学课本的人都是不含糊的。因为摩尔根在遗传学方面的贡献，他获得了 1933 年的诺贝尔生理学或医学奖，这是非常高的殊荣。他的果蝇实验又一次验证了孟德尔的遗传定律，而且还有新的突破。

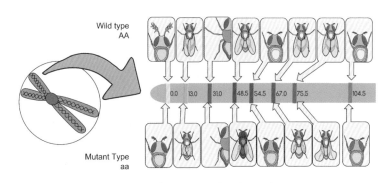

图 65　摩尔根的果蝇遗传连锁图谱

　　他发现了基因的连锁互换定律，也发现基因在染色体上是线性排列的。他的贡献是非常大。但是，染色体遗传学说在 20 年代支持者不多。如果说有 7 个人支持他们的学说，那就有 700 个人在反对。因为当时的人都认为生命是高贵的，是神圣的，一定存在特殊的活力物质。你怎么能用化学物质来解释呢？摩尔根自己也摇摆不定。最后解决问题的是他的学生穆勒。穆勒发现，X 射线能引发基因突变。穆勒坚信，决定遗传的一定是某种化学分子。穆勒就成了现代分子生物学的先驱，他也是第二位获得诺贝尔奖的遗传学家。

　　可是这位穆勒，政治眼光不够敏锐，他可真是才出龙潭，又入虎穴。差点儿在鬼门关上走上一遭。穆勒 1932 年到德国去工作，他也不看看当时的时局，爱因斯坦都要开溜了，你还往德国跑。果然，转过年来，纳粹就上台了。穆勒满怀社会主义理想，纳粹当然不客气，立即就把他抓起来了。关了一阵子才把他给放出来。这时候苏联的

图 66　瓦维洛夫

尼古拉·瓦维洛夫教授邀请他到苏联去工作，那时候苏联也在到处引进人才，穆勒不是满怀社会主义理想吗？他高高兴兴就去了。结果，他碰上了一个搅合了苏联科学界三十年的跳梁小丑——李森科。

这个李森科本来不过是个普普通通的农民，在苏联也没什么名气，毕业于基辅农学院，在一个育种站工作。你去看现在的世界地图，乌克兰和阿塞拜疆还是比较偏南的，但是冬季农作物偶尔也会遭到霜冻的威胁。李森科的父亲是个老农民，他偶然发现雪地里过冬的小麦种子在春天播种可以提早在霜降前成熟。这样一来，那不就躲过霜冻了吗？后来在这个基础之上，李森科搞出了一种叫作"春化"的办法。他声称只要种子种下去之前，使种子保持湿润和低温就能增产。那时候，李森科不过是个农业技术员。

图 67　李森科

瓦维洛夫的地位当然比李森科要高得多。他在世界范围内都是一位比较受人尊重的科学家。开始，瓦维洛夫发现李森科时不时地发两篇文章，提到一点儿小发现，还觉得这个年轻人有两下子，还提拔过他。李森科搞春化，瓦维洛夫还挺支持的。但是他没看出来，李森科很多研究都是造假的，是李森科自己凭空编造的。后来瓦维洛夫发现问题了，就开始毫不留情地批评李森科。

李森科大肆攻击摩尔根的遗传学，而且他也不认为存在什么遗传物质，整个细胞都在遗传。他的思想某种程度上和达尔文的泛生论有点儿像，但是泛生论已经被证明是错的，已经从进化论里边剔除了，李森科才不管那么多呢，他强烈反对染色体理论。李森科他们一伙人总结出了自己的一套理论，叫作"米秋林主义"。

米秋林是谁啊？米秋林是苏联的一位农学专家，在嫁接方面有非常深的造诣。他培养出了 300 多种作物新品种，算是个很有贡献的科学家。1894 年，他做过一个实验，把苹果树的枝条嫁接在野梨树的砧木上。后来真的搞出了一种长得有点儿像梨的苹果。米秋林就是用这种办法来培育新品种的。但是这种长得像梨的苹果不能持续，后来长得也越来越像普通的苹果了。

这种现象当时用孟德尔和摩尔根的遗传学不太好解释。毕竟当时没人知道 mRNA 是个什么玩意儿。所以米秋林认为孟德尔的遗传学说有问题。当然，米秋林认为遗传学还是会逐渐完善的，也许能解释这个现象，不是什么致命问题。米秋林主要还是关心具体的新品种培育，他没工夫想太多理论方面的事儿。他人缘很好，尽管和瓦维洛夫的学术观点不同，但是两个人关系还不错。米秋林还要大量回复各地的来信，许多人都写信请教他新品种种植的问题。他也很热心的一一回答，要不怎么说他人缘好呢。

1935 年，米秋林去世了，后面的事情他一概不知，所以他是属于躺枪的类型。他哪里知道李森科是扛着他的大旗到处忽悠的。李森科把自己这一派的理论称为"米秋林主义"。这是正牌的俄罗斯民族自己的学说，核心内容就是获得性遗传，外界获得的性状是可以遗传下去的。米秋林的确也有过类似的想法，但是米秋林属于老派人物，他生活的年代大家都是这么认为的。此外，李森科也有自己的依据，他常常引用的是这么一个例子：

1935 年 3 月 3 日把"集体庄员"和"路德生 329"两个品种的冬小麦种在寒冷房间的一个花盆里，直到 4 月末，温度经常不高于 10～15℃。从 5 月开始不低于 15℃。"路德生 329"的两个植株都活到深秋，直到枯萎也没长出麦穗。大约在 8 月中旬，两株"集体庄员"中有一株被害虫咬断根而枯死了。9 月 9 日从幸存的一株上收到几对种子。这棵植株的长穗时间拖得很长，一直持续到 1936 年 1 月，当它枯死时还有绿穗。把 1935 年 9 月 9 日收到的种子与原来的种子同时播种，两种幼苗在几代后都有明显的差别……，由此说明：冬小麦变成了春小麦。

大家乍一听，好像也是有道理的啊，但是毛病出在哪儿呢？老先生才种了几颗种子啊？种在一个花盆里，花盆能有多大？这是实验，但不是科学实验。因为个别的种子可能是杂种、突变型。这种没有重复的、单株的实验竟然能作为他构筑新生物学理论的根据。我们不得不佩服啊，李森科胆子真大。也反映出此人不学无术，连实验该怎么做都不知道，基本上属于胡扯。

李森科还是积极到处推广春化。上边既然要推广，下边不得不随着指挥棒起舞，全都要照着做。乌克兰大范围的实验结果表明，春化根本没什么用。不过掌握了权力的李森科有的是办法，最简单的就是篡改数据嘛。当然啦，自然有识相的、善于揣摩上意的人会去做。一只要改改数字，立马形势一片大好。

李森科的出现显然是一场悲剧，他足足压制了苏联生物学界好几十年。在他的打压下，很多人才得不到发展机会，很多人离开了苏联，苏联的生物学发展大大滞后于世界。一切都晚了，时间是最宝贵的。此时的主流生物学界早就不流行新拉马克主义了，新达尔文主义的主要对手早已经变成了突变论。进化论在一步一步的升级之中。

听一听

第 15 章
进化论升级不断，后现代众说纷纭

摩尔根研究果蝇就是为了验证突变论。因此果蝇才倒了八辈子血霉了，简直是天天承受"满清十大酷刑"。受到摩尔根的影响，很多人都开始去"折磨"可怜的果蝇。突变论可以说是既不同于新拉马克主义，也不同于新达尔文主义的理论。突变论一方面否定了获得性遗传，另一方面也否定了自然选择的重要性。他们认为进化的动力不是自然选择的压力，而是突变压力。

当然，新达尔文主义的捍卫者肯定不会服气。摩尔根的确弄出来一大堆稀奇古怪的果蝇，连眼睛长在腿上的异形都有。但是这些异形在大自然里面根本无法生存，分分钟就被自然选择淘汰了。摩尔根以为这些稀奇古怪的突变能在大自然里面扩散吗？他的牛奶瓶子可不是自然界，自然界要比瓶子里残酷多了。特别是一些搞生物统计学的专家们跟突变论简直是势同水火。

从统计角度来讲，很多东西可以看作是连续的，而不是突变的。比如人的身高就不是突变的。公元 79 年维苏威火山爆发，摧毁了庞贝古城和赫库兰尼姆古城，大批市民直接被埋在地下。后来考古挖掘挖出来好几百遗骸。测量他们的身高。男性 160～170cm，女性 150～155cm，这个身高一直保持稳定，直到工业革命时期，欧洲人身高开始突飞猛进。荷兰人目前是全球平均身高最高的，100 年内荷兰男性的平均身高从 169cm 长到 180cm，女性从 155cm 长到 169cm。他们是平均身高增长最快的地球人。有据可查，身高是在一百年里面逐渐增长上来的，不是突变的。偶尔突然出现几个两米以上的高个子属于个案，不具备普遍意义。

所以统计学家们底气很足。整体上来看，物种的变化不是突变的。摩尔根你敢不敢把你那一堆果蝇全都放生，看看在大自然里面还能剩下几只呢？后来，摩尔根的思想慢慢地转变过来了。他发现，很多事情并不是像他想得那么简单。遗传不是一大堆的 3:1。如果碰上复杂情况，比如花的颜色深浅是由很多基因控制的，那么就不是简单的 3:1 了，有可能呈现出更加连续的状况。如果某个性状是由 10 个基因控制，那么就会有几万种表现，看上去就像是连续变化的。

看来，基因的突变和自然选择并不矛盾。那么这两种因素到底是怎么个关系呢？真正回答这个问题的是三个人，他们这一派的学问被称为"群体遗传学"。他们是英国的费歇、霍尔丹和美国的莱特。这三个人出身背景各不相同。

费歇本来是学数学和物理的。他中学的时候收到一套《达尔文全集》，看了以后就入了迷，喜欢上了生物。费歇做过保险公司统计员、中学数学教师等工作，业余从事学术研究。后来一直业余研究生物学。他的特点就是数学功底特别好，在他担任中学校长期间，完成了一篇论文，证明了孟德尔定律能够用于解释生物统计学派对连续变异的研究成果。他用统计学的方法解决了遗传学和达尔文自然选择学说的矛盾。两者不仅不矛盾，孟德尔遗传学正是达尔文进化论所需要的遗传理论。从孟德尔豌豆实验算起，与达尔文写《物种起源》的时间相去不远，但到费歇完整地提出这一套生物统计学的框架已经过去几十年了。

霍尔丹跟费歇不一样，此人是个罕见的百科全书式的人物。他在生物化学、生理学、进化论、遗传学、数学、医学方面都有成就。而且他热衷写科普文章，在文学和政治领域都很活跃。他在 1924 年发表了第一篇研究群体遗传学的论文，在 1932 年出版群体遗传学的经典著作《进化的因素》。

莱特是个美国人，他倒是科班出身学生物学的。1912 年去哈佛大学拜卡斯特为师研究哺乳动物的遗传，博士论文就是研究豚鼠的。美国农业部一看，不错不错，我们这儿正好要请人研究豚鼠的近亲繁殖，你来吧。莱特研究出了一种统计方法（通径系数法）用以分析近亲繁殖的效果（莱特自己就是近亲繁殖的产物，他父母是表兄妹，他本人经常强调这一点）。这个方法后来被广泛应用于行为遗传学、社会学和经济学的研究。1926年莱特前往芝加哥大学担任遗传学教授的时候，他已经系统地研究了群体遗传学问题，例如他的长篇经典论文《孟德尔群体中的进化》实际上在1925年已经完成，但是1931年才发表。群体遗传学是莱特的生命，他的研究工作一直持续到生命的最后一年。

那么这三个人鼓捣的这个群体遗传学到底说了些什么呢？群体遗传学把生物进化定义为一个群体内部基因频率的改变。如果某个突变能使生物体具有优势，即使这个优势非常微小，在自然选择的作用下，也会逐渐累积下来，只要有足够长的时间，就会逐渐扩散到整个群体，如果知道了这个优势的大小（适宜度），那么就可以定量地计算出这个基因频率的增长速度。

但是自然选择并不像摩尔根认定的那样必然会淘汰有害的基因突变。如果有害基因是隐性的话，那么自然选择只会降低其频率，却不会消灭它。基因突变是按一定的速率随机出现的，即使这些突变没有优势，也会以低频率持续在群体中出现、流通。一个群体能保持遗传多样性，有利于一个群体长期的生存。三十年河东三十年河西，你怎么知道这个性状是优点还是缺点呢？多样性有个好处，那就是能应对环境的变化。鸡蛋总不能放在一个篮子里吧？19世纪爱尔兰大饥荒就说明了多样性缺乏的坏处，爱尔兰人吃饭基本全靠土豆，因为土豆产量高，结果晚疫病菌传播造成马铃薯绝收，爱尔兰就出现了大饥荒。这就是食物多样性不足造成的灾难。食物需要多样性，生物也需要保持多样性。这样才能抵抗不确定的风险。

群体遗传学基本上奠定了进化论的数学基础。只要有遗传学和自然选择学说，就可以比较完整地解释生物的进化现象，完全不需要什么拉马克主义、直生论、突变论等其他学说瞎掺和。他们也被称为"数学群体遗传学派"，因为这三个人数学太厉害了，他们研究的东西别人都不懂，所以在当时影响不大。而且，他们三位之间还有意见分歧。费歇和莱特就经常吵得不可开交。还有个大问题摆在面前，群体遗传学只考虑种群内部，物种级别的东西他们搞不定。霍尔丹倒是提到过几句，也没说太多。

物种到底是怎么来的，这是博物学家、分类学家和古生物学家的工作。他们对群体遗传一窍不通。因此要想解决这个问题，必定需要很多学科的综合。生物学界在等待一个人来完成这个任务，这个人还是从斯大林那儿跑出来的。好在他出门早，1927 年到美国学术交流就一去不回头，否则必定着了李森科的道儿。此人还是李森科的同胞，都是乌克兰人。他引领的是群体遗传学的另外一个学派。

另外一派研究群体遗传的人就是所谓的"生态遗传学派"。他们主要是搞野外考察的，最初是从苏联发展起来的，苏联又是从沙皇俄国继承下来的。欧洲这边儿对于进化论吵吵嚷嚷的，俄国那边儿离得远，听也听不清楚。因此关于孟德尔的理论、拉马克主义、生物统计学，俄国人一概蒙圈，俄国比西欧慢半拍。但是到了苏联建立之初，那还是高度重视科学研究的，环境也比较宽松，尽管当时苏联国内一团乱麻，还是给科学研究保留了比较充足的经费，很多人才有机会到西欧去深造，所以瓦维洛夫才有机会把穆勒请到苏联来。穆勒对于苏联遗传学的推动非常大，而受到穆勒影响最大的是契特维里科夫。

契特维里科夫从穆勒那里学来了养果蝇。从美国进口了一大批，当然，也有本地抓来的果蝇。说果蝇是遗传学第一动物是一点都不为过。在研究果蝇之前，契特维里科夫本来是一位蝴蝶专家，研究了很多年蝴蝶，所以他有非常丰富的野外考察经验，对蝴蝶的分类、分布和种群变化都很了解。他一方面建立数学模型，另一方面从野外采集群体，或者从实验室里面培养群体，用这些数据作为参照来修正数学模型。他对野生的果蝇进行了系统的遗传分析，独立地发现了一些群体遗传的规律，许多结论与西欧的同行们不谋而合。

图 68　杜布赞斯基

契特维里科夫还是个好老师，有无数的学生，所以就形成了一个契特维里科夫学派。后来苏联 20 年代出现饥荒，因此苏联的侧重点就偏向了农业方面，李森科主义盛行，瓦维洛夫惨死，契特维里科夫学派也遭到打压，被流放到了西伯利亚。苏联的遗传学就此一蹶不振。但是也有例外，有一个当年跟着契特维里科夫学习过，后来去研究瓢虫的家伙很幸运，他 1927 年就跑出来了。后来还到了摩尔根的实验室工作，此人叫杜布赞斯基。杜布赞斯基在摩尔根那里当然还是摆弄果蝇。他把契特维里科夫学派的很多东西带到了摩尔根的实验室。他强调，在实验室里研究出来的东西，必须要到大自然之中去检验。所以他成为能够弥合数学模型、实验室的观测结果以及野外观察结果的不二人选。1937 年，李森科正把苏联折腾得乌烟瘴气呢，这边他的乌克兰老乡杜布赞斯基发表了《遗传学和物种起源》。这可以说是达尔文《物种起源》之后最重要的一本关于进化论的著作。

在这部著作里，杜布赞斯基先是介绍了群体遗传学家所做的数学研究，特别是莱特的研究。然后他总结了实验遗传学家对遗传突变的研究成果。很重要的一条就是在实验室里通过"满清十大酷刑"逼迫物种产生的变异在自然群体中也是存在的。而且自然群体有足够的可遗传的变异为自然选择提供原料。这样，杜布赞斯基就在理论上、实验上和观察上综合了自然选择学说和孟德尔遗传学，对实验生物学家和野外生物学家产生了巨大的影响，刺激了各个领域的生物学家都投身到进化论的研究中来。

尽管新达尔文主义有了比较大的进展。但是还有个大问题没有解决。

有个概念不得不先说清楚，什么叫物种？折腾半天，原来物种这个概念本身已经变得模糊不清了。过去，一个物种的认定主要靠外观。依靠博物学家用眼睛看，后来，不仅看外观还要看内部的解剖结构。在杜布赞斯基看来，物种就是相互能够交配繁衍的群体，它们与其他的群体是有生殖隔离的。物种是怎么形成的呢？是因为隔离的作用，比如地理的隔绝。这与达尔文在加拉帕戈斯群岛观察到的是一样的。因为地理的隔绝，基因没办法交流。慢慢地两个种群之间就走向了两条不同的进化线路，差异变得越来越大。当差异达到出现了生殖隔离的程度，那就彻底变成了两个物种。

另外一个做出很大贡献的人是美国的迈尔，迈尔在南太平洋的新几内亚和所罗门群岛做过野外考察，也做过鸟类研究。他后来到了美国自然博物馆工作，主要做的就是鸟类分类。他开始是信奉拉马克主义的，后来他看到了杜布赞斯基的书，他就彻底把拉马克主义给扔到九霄云外了。他也得出结论，物种是自然界实实在在的存在，不是人为定义的某种概念，生殖隔离就是硬邦邦的标准。这是一个简单明了的概念。他认为不仅物种是渐渐形成的，就连种以上的分类也是渐渐形成的。

要知道生物分类还有一大堆的"门纲目科属"呢。这些大分类都是怎么形成的呢？这就需要古生物学来解决问题了。辛普森是美国自然博物馆的生物学家，也是分类学家，主要关注的是脊椎动物的化石。辛普森写了一本书叫作《进化的节奏与模式》。他把达尔文主义推广到了古生物学领域。他与过去的古生物学家不一样，他提出一套定量分析的方法来分析化石记录。在他看来，化石记录是明显存在连续性的。达尔文主义能够很好地用于解释化石记录，古生物的大进化可以被视为是微进化的累积结果，而且是像达尔文

图 69　朱利安·赫胥黎

主义所预测的那样不具有方向性。杜布赞斯基、迈尔、辛普森都只研究动物的进化，斯特宾斯则指出植物进化同样能用达尔文主义解释。

20 世纪 40 年代，现代进化论已经被成功地应用于生物学的所有领域。1942 年，朱利安·赫胥黎发表了《进化·现代综合》一书。你听这个姓氏就知道，他是达尔文的斗犬托马斯·亨利·赫胥黎的后代。托马斯·亨利·赫胥黎可不简单，他有 3 个不得了的孙子，说出来那可都是威名赫赫。朱利安·赫胥黎可不是一般人，他是联合国教科文组织的首任领导人，他也是世界自然基金会的创始成员之一。正是因为他写的这本《进化·现代综合》，现代达尔文主义正式成型了。现代达尔文主义也就是达尔文主义的第二次大升级。

赫胥黎家族孙子辈还有两个人也很出名，一位是 1963 年诺贝尔生理学或医学奖的得主，他叫安德鲁·赫胥黎。还有一位是阿道司·赫胥黎，他开始想学医，后来因为眼睛不好改行搞文学，但是生物学对他影响非常大，他写出了一本很出名的小说叫作《美丽新世界》，这是非常著名的三部反乌托邦小说之一。另外两部书是扎米亚京的《我们》、乔治·奥威尔的《1984》。《美丽新世界》生物学的背景设定很有意思，毕竟这是赫胥黎家族的家学渊源。

闲言少叙，继续正题。朱利安·赫胥黎综合了达尔文主义在各个领域的研究成果，现代达尔文主义也因此被称为"现代综合学说"。1947年在普林斯顿成立了"遗传学、分类学和古生物学的共同问题委员会"，组成这个委员会的三十个学术权威代表着生物学的不同领域，但他们有一个共同的观点，那就是自然选择是一切适应性进化的机制。

1959年，生物学界隆重纪念《物种起源》发表100周年，同时也庆祝自然选择学说的全面胜利。达尔文这一脉的进化论一路走来，曾经遭遇过一次次的质疑，能从一大堆的质疑声里一路杀出来，可见生命力之顽强。这一路走来，也在不断地修正、调整。当然，民间有一些反对进化论的人并不知道，现代的进化论已经不是达尔文的最初版本了，但是课本上提到进化论总是会讲达尔文，没人注意到这一百多年来后人的升级和改造。所以达尔文到现在仍然是一个太过显眼的靶子，以至于现在网上动辄有人就号称推翻进化论。其实他们并不知道，很多达尔文旧版本的缺陷早已经被修补过了。

但是综合进化论也仍然有一堆问题没解决。因此升级的过程还没有结束。毕竟生物学研究的对象是极其复杂的大千世界，远不像物理学那么纯粹。20世纪50年代以后就进入了后综合时期，毕竟理论会不断地发展。综合进化论也会产生新的分支，比如有一派人马被称为"强达尔文主义"。强达尔文主义进一步扩大了自然选择的适应范围，强调进化的适应性和渐变性。当然，对手也不客气，称它们为"极端达尔文主义"。对手们自然是质疑自然选择的适用范围，他们强调生物的偶然性、跃变性、定向性。吵架就没有停过。

强达尔文主义关心的方向是解释生物的复杂行为。复杂的行为到底是从何而来的呢？特别是动物的利他行为到底是怎么来的呢？有些行为叫作"互惠利他"，今天我帮你，说不定将来你会帮我，大家互惠互利。这种行为很常见，但是严格讲起来，这不是一种纯粹的利他行为，用自然选择是比较容易解释的。但是有些行为属于社会性的利他行为。特别是某些昆虫，比如蚂蚁之中的工蚁，达尔文就仔细观察过蚂蚁，这种工蚁是不能繁殖的，他们根本留不下后代，但是它们一心一意为其他个体服务，怎么会进化出这种利他行为呢？看上去这与自然选择是相违背的。按照自然选择学说，繁殖能力差的都被淘汰了，何况不能繁殖的呢？

达尔文注意到，一窝蚂蚁其实都是亲戚，因此一窝蚂蚁可以视为一个整体。所以工蚁放弃了生殖能力，就好比人的肠子没有生殖能力一样。作为整体的一部分，不需要每个个体都有生殖能力。综合进化论对集体选择不太关注，但是到了后综合时代，大家开始关注集体选择。有人提出集体选择其实也可以用自然选择来解释。集体选择简单点说，就是大自然筛选的是适应的团队，而不是留下适应的个体。当然，这个理论很多人是不买账的，这就意味着吃大锅饭嘛。有人自愿牺牲自己的利益，不留后代。一窝蚂蚁总不能全都无私奉献吧，总有些蚂蚁是自私的吧。那些无私奉献的可都没留下后代，只有自私自利的才能留下后代，这么一代代筛选下来，到最后必定只留下自私的个体，无私奉献根本不能持续。可是，蚂蚁里面无私奉献的工蚁的的确确是存在的，一直没有被淘汰掉，这又该怎么解释呢？

集体选择学说遭到了美国生物学家威廉斯的激烈反对。那时候反对集体选择学说的大有人在，跳得最高的就是威廉斯。他写了一本书叫《适应性与自然选择》。他提出了"基因选择"学说，可以认为是对"集体选择"的致命一击。

虽然威廉斯在圈内影响很大，但是对于公众来讲，他的名气还不够响亮。真正使得基因选择学说广为流传的是另外一位英国科学家

图70 理查德·道金斯

道金斯，他写了一本非常著名的书，叫作《自私的基因》。这本书可以说是畅销书，对公众的影响很大。

基因选择学说很大的一个好处就是能够解释"利他行为"，但是这位道金斯上来就给了一个大标题"自私的"。这个"自私的"该作何理解呢？如果真是我们日常生活中谈到的人品问题，那么自私与利他行为又是什么关系呢？所以这本书就显得很有悬念。道金斯开篇就要把一系列的词做了个解释，省的大家理解不同产生不必要的误解。

• 什么叫利益？

所谓的"利益"就是指"生存的机会"，即使行为对事实上的生与死所产生的影响小得微不足道。人们现在体会到，对生存概率的影响，在表面上看来，哪怕是极微小的，也能够对进化发生很大的作用。

• 什么叫利他行为？

如果一个实体，例如狒狒，其行为的结果是牺牲自己的利益，从而增进了另一同类实体的利益，该实体就被认为是利他性的。

• 什么叫自私？

跟利他相反的行为就是自私行为。道金斯说，如果你注意一下自然选择进行的方式，似乎可以得出这样的结论：凡是经由自然选择进化而来的任何东西都应该是自私的。不能维护自己的生存，早就被淘汰了。

我们只讨论行为，不讨论动机。生物脑子里怎么想的，谁也不知道。况且生物也未必有脑子。比如植物，根本无意识可言。我们判断是否是自私的，纯粹是从行为上判断观察。有道德洁癖的千万不要对号入座，我们讲的不是一码事。我们需要事先做好名词上的约定。

道金斯具体列举了一个利他性的例子，那就是蜜蜂里的工蜂。春天来了，"两只小蜜蜂啊，飞到花丛中啊！飞啊！飞啊！……"这就是工蜂。它们负责辛勤劳作，如果遇到不测，它们很可能还要搭上性命。比如遭到攻击，工蜂会毫不犹豫地冲上去狠狠蛰你一下，这一蛰过后，它的命可就没了。一切好处工蜂生前都没享受到，就这么"生得伟大，死得光荣"了，按照我们的定义，这是标准的利他行为。

最显著的利他行为就是舐犊之情。尤其是母亲所表现出的那种母爱。这不用多说，大家都有体会。当然，道金斯在这儿又黑了"集体选择"学说一把。他说，生物之进化是"为其物种谋利益"或者是"为其群体谋利益"，那是错误的。那么对于利他行为又该如何解释呢？英国生物学家汉密尔顿提出了一个"亲属选择理论"。笼统地说就是帮助亲属会影响自然选择的结果。这个学说对于解释工蚁、工蜂这种社会性昆虫非常有效。因为这些虫子一般来讲一窝都是亲戚。就拿蚂蚁来讲吧，受精卵发育成为雌蚂蚁，包括蚁后和工蚁。未受精卵发育成雄蚁，这是公的。雌蚂蚁的基因一半来自蚁王，一半来自蚁后。蚁王是公的，它是单倍体，体细胞染色体数量只有雌性的一半，它的基因也会100%传给女儿。蚁后则不同，每次都是一半基因传给了女儿，全部基因传给了儿子。工蚁也是雌性，拥有父亲100%的基因，拥有母亲50%的基因。它们彼此之间的基因相似度非常高，达到75%。在这里，基因选择就体现出来了。照顾好和自己基因相似度75%的姐妹，要比照顾好基因相似度50%的女儿划算。工蚁甚至放弃了生育能力，一心一意地为基因的延续辛勤工作着。如今看来，亲属选择理论也有很大的问题。科学家们通过实验证明，即便不是亲戚，蚂蚁们也能形成协作集体。可是某些情况，即便基因很接近，也无法形成协作。这恐怕无法用基因选择理论来解释。集体选择理论似乎扳回一局。生物界的事情实在是太复杂了，没有哪个理论是完美的，只能提供一个观察的角度。

道金斯在书里还提到了另外一个理论，叫作"稳定进化策略"，开创者是史密斯。道金斯说了，全宇宙都一样，需要稳定的结构。地球稳定地存在于宜居带上，这才有机会产生生物。即便是分子、原子，也是稳定的才能存续下来，不稳定的早就不存在了。生物种群里面也一样需要稳定。我们中国人都懂的，稳定压倒一切嘛。当年孟德尔把概率引进了遗传学。后来统计学家又把统计学引入了遗传学。数学工具的确是很有用的工具。道金斯的这本书大量使用了博弈论的思想。

书里描述了一个模型，这不是真实案例，这是一种有关博弈论的描述。一个种群里面有些个体特别厉害，我们称为"鹰派"。它们奉行的策略是死磕，两强相争勇者胜，不死掉一个不算完事，绝不能逃跑。还有一派是"鸽派"。它们打架不出力，往往是和对方长时间对峙，别看摆架势还挺吓唬人的，真打就孬了。它们更擅长凌波微步，逃跑自保还是可以的。假如全体都是鸽派，那是不是万事大吉了，就成了和谐社会了呢？不是的，别忘了生物是有基因突变的。万一谁家生了个熊孩子呢？熊孩子一出，一个打十个。周围全是鸽派，那这一个"鹰派"还不是横扫千军如卷席啊。所以，全是鸽派组成的群体是无法稳定存在的，时间长了定然会突变出"熊孩子"。

假如一个群体全是鹰派呢，全都是战斗民族？这样的群体能不能维持可持续的局面呢？那也是不可能的，要全是鹰派的那可就热闹了，真是与天斗其乐无穷，与地斗其乐无穷，死磕起来没完了。这时候谁家生了个滑头的孩子，别的不会啊，凌波微步天下一绝，打不过还不会跑嘛！每次都能保存自己，既然如此，还是逃了最划算。毕竟打架有一半的伤残概率。因此一群鹰派里面的鸽派也是有生存优势的。有利的基因突变哪怕很少，也会在一个群体里面扩散开来，这是群体遗传的基本观点。很快一个纯种鹰派组成的群体就开始出现鸽派，纯鹰派也是难以维系稳定的。

所以，道金斯在书里面设计了一系列计分方法，赢一场50分，输了0分。被打死了−100分。那么，现在可以量化计算到底什么策略是合理的。道金斯计算了一下，鸽派和鹰派大概在5:7的比例是可以稳定存在下去的。在这个比例上，鹰派和鸽派受益大抵相等。当然，一个人的身份可能是多重的。有的时候像鹰派，有的时候像鸽派，最优化的是"还击者策略"，通俗点说就是遇到鸽派就用鸽派策略，遇到鹰派就用鹰派策略。谁来上门挑事，我就用鹰派策略反击，就像小马哥说的："不是为了证明我多么了不起，而是属于我的我一定要拿回来"。平时，奉行鸽派策略，人畜无害。

总之，引入博弈论以后，我们又多了一个观察自然的角度。史密斯也开创了一门新的学科，叫作"进化博弈论"。自然选择是博弈的决策者。就在道金斯写《自私的基因》的时候，那时候大约是1973年到1975年，另外一位生物学家爱德华·威尔逊出版了一本书叫《社会生物学：新的综合》，这本书标志着一门新的学科社会生物学的诞生。他试图把心理学和社会学与综合进化论再来个结合。威尔逊认为，人类的行为也和其他动物的社会行为一样，也是基因决定的，是自然选择的结果。他的本意是研究人类行为的起源，纯粹是学术目的。我们知道，量子力学与广义相对论是不兼容的，很多物理学家还在试图统一微观与宏观。这是一个很美好的理想。但那时生物学领域就麻烦得多。科学家们也一定很想统一生物学与社会学，人毕竟也是一种生物，能不能有一套理论两头都管呢？这个问题可不只是个单纯的学术问题了。

让威尔逊始料不及的是社会上又掀起了一场新的骂战。连道金斯在《自私的基因》这本书里面也提到了这个理论，当然是颇有微词的，他自己也认为他算是出言不逊。威尔逊天生就是个招黑体质。可以说他的理论掀起了自《物种起源》出版以来生物学界最大的一场争论。二战结束才30年，纳粹三四十年代搞的那一套"优生学"早就臭大街了。社会达尔文主义也在被批判的行列。怎么还有人敢把生物学原理往社会学这边引啊。果然，人权活动家批评威尔逊是社会达尔文主义者，是种族主义者。王侯将相宁有种乎，你怎么能说是基因决定的呢？右翼保守分子也不放过威尔逊，威尔逊说道德、宗教居然也可以用进化论来解释，这不是太岁头上动土吗？对了，男女基因还不同呢，威尔逊一不留神就把女权主义者得罪了。

威尔逊麻烦大了，不少人跟他割袍断义，划地绝交，友谊的小船说翻就翻了。左的右的、男的女的统统不放过他。他去参加个学术会议，外边能站一大批群众打着小旗儿集体散步，威尔逊日子不好过啊，毕竟压力太大了。他的证据的确不多，也难怪很多人不认账，最强有力的证据就是人类关于乱伦禁忌的研究。

有关这个领域，什么"俄狄浦斯情结"，这不都是弗洛伊德研究的领域嘛。弗洛伊德认为，乱伦禁忌是文化现象。实际上就是传统与道德在约束人的行为。人固然没贼胆，但是贼心还是有的。弗洛伊德能把大事小事都扯到俄狄浦斯情节那一头去。另外一派就不是按照精神分析的路数来的。跟弗洛伊德同时代的另外一位社会学家韦斯特马克就不这么认为。他把乱伦禁忌理解为遗传现象，是熟悉消灭了欲望。韦斯特马克认为这是可以用自然选择来解释的。乱伦禁忌的好处是降低了遗传病发生的概率，对生存有利。后来又不断有科学家在研究这个问题。现在证据已经比较充足了。大约有三个方面的证据。

1. 社会生物学方面

   不是只有人类，所有灵长类动物都有乱伦禁忌。我们应该可以顺理成章地说："我们不特殊。"最早是在日本动物园里的一大群猕猴身上观察到了这种情况。后来在各种灵长类动物中都观察到了。

2. 跨文化人类学方面

   人类社会，不管是多么偏僻多么原始野蛮，都有乱伦禁忌。这是与文化无关的。

3. 社会学调查证据

   第一个证据来自一个社区。以色列是犹太人组成的国家，有不少来自于苏联地区，他们也组织了基布兹集体社区。儿童都是按年龄分班组进行集体生活的，他们从小生活在一起。可以说都是"发小"，彼此感情都很深厚，但是就是产生不了爱情。

图 71　基布兹社区的儿童

据调查，这一群体成员间结婚的比例仅为 3000 个案例中的 14 例。而在这 14 对夫妻中，没有任何一对是在出生后的前 6 年一起被抚养长大的。这带出了一个重点，也就是 6 岁前的成长环境是一个关键时间点。这是一个比较强的证据。

第二个证据与我国有关系，斯坦福大学的沃尔夫研究了台湾地区的包办婚姻。他分析了 1.4 万桩包办婚姻。不过其中又分两组，一种是拜天地揭盖头那一瞬间才知道新娘子长啥模样的，跟抽奖差不多。另一类则完全相反，女方都是童养媳，从小就生活在同一屋檐下。统计分析结果不出意料，童养媳的婚姻质量很差，离婚率更高，生育率更低。

所以，"距离产生美"这句话看来是有一定道理的。威尔逊研究的这个领域现在也开始得到大家的认可，形成了一门叫作"进化心理学"的新学科。但是这个新学科有些先天不足。缺乏历史证据是最大的麻烦。生物学可以去发掘化石，心理学上哪儿挖化石去啊？

说到化石，化石方面还真出麻烦了，20 世纪 70 年代，早已势微的突变论又一次卷土重来。这到底是怎么回事儿呢？且听下回分解。

听一听　　　听一听　　　听一听

第 16 章

疑难：寒武纪的生命绽放

在进化论的发展过程中，古生物学是出了不少力气的。如果不是挖出了史前生物化石，恐怕也没有人去质疑《圣经》上所说的话。毕竟进化是个缓慢的过程。一个人观察一辈子也看不到明显的变化的。但是自从达尔文时代起，就存在一个麻烦。到现在为止，还有不少反对进化论的人依此为依据，那就是挖出来的化石缺少中间过渡物种。达尔文那个时代，人类挖掘过的地区并不多。达尔文认为将来总会挖到过渡物种的化石。后来进化论逐渐占据了主导位置，生物学家们当然也很想挖出过渡物种的化石。但是挖来挖去，总是凑不齐。生物的进化过程似乎是有间断的。虽然经过古生物学家的努力，很多缺失的环节已经被补齐了，但是没补上的间断还有不少。

图 72 不幸的小象柳芭

这时候有一派人跳出来了，他们下了断言，这些缺失的环节是根本补不上了。因为化石的形成是很偶然的事情。只有物种数量特别多，而且存续时间很长，才有可能保留下足够多的化石。世界上保存最完整的猛犸象化石名字叫作"柳芭"。这只小象才一个月大，到河边喝水的时候，不小心陷进了淤泥里，后来河水封冻。这头小象的化石就非常完整地被保留了下来，这是非常偶然的事件。类似琥珀里面包着个苍蝇、蚊子之类的，都是小概率事件。假如一个物种存在的时间不长，而且数量也很少，那么就很难留下化石了。

按照这个理论来讲，处于过渡环节的那些物种因为数量少而且存续的时间很短，留下化石的概率也很低，因此我们掘地三尺也找不到这些化石。那么，是不是可以推论，进化的历程不是均匀渐变的呢？达尔文是坚持渐变学说的。进化论走到了综合进化论的阶段，有几个明确的结论：

1. 共同祖先

2. 自然选择

3. 物种渐变

每个结论都受到过质疑。现在看来，共同祖先的质疑是最少的。自然选择是遭受过很多挑战的。但是现在越来越多的证据证明，自然选择是可以信赖的。现在开始有人质疑物种进化的速度了，到底是均匀的还是不均匀的呢？其实达尔文自己也没说一定是均匀的。节奏快慢可能是有变化的。

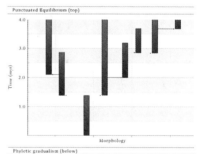

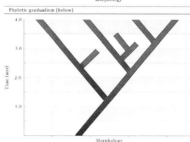

后来，渐渐地形成了一种新的理论，那就是"间断平衡"理论。这个理论是 1972 年由埃德雷奇和古尔德系统阐述的。理论

图 73　间断平衡和渐变成种的对比

的主要基石是恩斯特·迈尔的地理成种理论，早在几十年前就已提出了，而且早就被主流学界接受了。迈尔认为，新物种形成的一个重要的机制是所谓"边缘成种"机制。说白了就是一个物种，由于某种原因，比如火山爆发啦，海水倒灌啦，一小撮动物和大部队走散了，隔离了。大部队因为个体太多了，一个基因突变要想传遍整个物种要花很多时间，也很容易就被稀释掉，最后看不出来了。但是这一小撮动物可不一样，一旦出现某个有利的突变，迅速就能传遍整个种群。周边环境的变化也都刺激着物种发生变化，演化也会进行得比较快。变化达到了和大部队的差异足够大，产生了生殖隔离，新物种就诞生了。等到成功地适应了新环境，数量开始上涨，那么进化速度就慢下来了。先是一脚油门，后是一脚刹车了，演化不是匀速的。

新物种的萌芽状态必定有两大特点，数量少，变化速度快。古生物学家们差点儿哭晕在厕所里。果真如此的话，过渡形态的化石必定是找不到的。间断平衡理论不仅仅能解释化石的不连续，还可以解决很多其他的问题。比如说，传统的缓慢渐变演化是不是太慢了点儿？譬如一个物种花了一百万年，体型增加了 10%，这样的例子在化石记录里很常见。但是这样的改变真的可能是渐变的吗？假如真是均匀变化的，儿子比父亲大了几微米？而且保持匀速，每一代儿子都比父亲大几微米。大几微米有什么竞争优势？凭什么自然选择就喜欢保留这种突变？这不是搞笑吗？更大的一种可能是，这个物种在九十九万九千年里的体型都没有明显的定向变化，最后一千年因为遭受了某种新的选择力量而变大了 10%。

现实中我们的确观察到了速度相当快的演化。比如所谓的"工业黑化"现象。因为英国最早进入工业化时代，大量燃烧煤炭，烟囱冒黑烟，导致树都被熏黑了。白蛾子趴在树上特别显眼，容易被鸟吃掉。于是蛾子们就产生了适应性的变异。翅膀变黑了，和环境保持协调。后来英国环境改善了，不冒黑烟了。这些蛾子又开始变白了。这说明一个道理，生物的适应性演化是很快的，没有想象得那么慢。

还有一种情况大家也都很容易懂。环境发生了变化，物种就开始适应环境，因此也发生演化。说起来好像很有道理的样子，其实不完全是这样。动物是会跑的，天气变冷了，它不会往暖和的地方跑吗？为什么要改变自己的身体呢？适应环境并不一定要靠演化嘛！只有跑来跑去跑不掉了，才被迫演化。从这个方面来讲，大家也都想得到，演化不可能是完全匀速的。

那么间断平衡理论到底是怎么总结的呢，间断平衡有三个要点。

1. 边缘成种；

2. 长期静态；

3. 短期快速演化。

但是间断平衡理论是很容易跟"新突变论"混淆。"新突变论"曾经很流行，但是到了 20 世纪中期就没人相信了。只有少数人还在坚持，他们说偶然基因突变出现的怪物很厉害，比如突然出现个哥斯拉之类的，非常强大，于是形成了新物种。这种说法大家都不认可，于是这种学说就慢慢沉寂了。

后来随着天文学和地质学的发展，人们发现历史上出现过小行星和彗星撞地球。这不是妥妥的大灾变嘛。传说恐龙就是地球被砸以后走了下坡路，最后完蛋了。大的灾难会改变自然选择的走向。这个灾难太大了，能完完全全影响生物的总体面貌。这种说法叫作"新灾变论"。有些大灭绝的确和大灾难有关系。麻烦的是，这个灾难到底有多频繁，多大的灾难会改变自然的走向？发生的频率是怎么样的呢？

多长时间来一次？新灾变论倒是与自然选择不矛盾，只能说是一个补充。

间断平衡理论和现代综合进化论也不矛盾，综合进化论的两大支柱，同一祖先和自然选择都和进化的速度关系不大。总有人说间断平衡推翻了达尔文的理论，寒武纪生命大爆发是达尔文解释不了的。但是现代综合进化论加上间断平衡学说是可以解释寒武纪的物种大爆发的。

这个寒武纪大爆发到底是怎么回事儿呢？我们现在挖掘的化石已经把生命的起源时间推到了 38 亿年前。但是那时候出现的都是极其简单的单细胞生物。这种单调的状态一直延续了 32 亿年，直到 5 亿年前的寒武纪前期，才出现了新的变化。多细胞的生物出现了。当然，前寒武纪有没有多细胞的物种呢？只有零星的证据。譬如 1899年，古生物学家查理·沃科特在蒙大拿发现一些垂直的管道，看起来很像蠕虫钻出来的；但是这些虫子本身并没有留下任何化石，软体动物留下化石太难了，因此也没办法确定这些洞是不是虫子钻出来的。即便有虫子，也跟寒武纪的物种丰富程度没法比。

科学家们在全球的寒武纪地层做了广泛的挖掘。他们得出一个结论：不少多细胞动物化石好像是在寒武纪地层里突然出现的，这个现象很奇怪。当然，这个"突然"其实时间也并不短，寒武纪足有六千万年，快是相对于漫长的地质年代讲的。寒武纪大爆发更让人惊奇的不仅仅是物种的数量，而是门类。各种各样的动物门类几乎都凑齐了。比如棘皮动物等门类，还出现了一大堆稀奇古怪的动物。寒武纪后面的奥陶纪有一场"生物大辐射"。新出现的属和种的规模是寒武纪的三倍。但是那是在寒武纪的框架内进行的。门这个级别的框架在寒武纪已经基本齐全了。

那么首先遭到挑战的就是共同祖先理论。假如这些物种都有共同祖先，那也没办法在很短时间内出现这么多完全不同的门类吧。照道理说，几百万年也不短了，也不能说演化的时间不够，但是寒武纪大爆发的速度还是让人吃惊。大家一开始认为那是因为过去的软体动物很难保留化石。寒武纪开始，出现了硬壳的物种，它们比较容易保存下来。因此给人感觉是物种大爆发了，说到底只是一种假象。

最早提出异议的那一批人里面最出名的是克劳德。虽然不能说他发明了"寒武纪大爆发"这个概念，但他确实是第一个严肃考虑这种可能的人。在 1948 年的一篇文章里，他说了，我们看到的"突然爆发"可能并不是假象，而恰恰反映了寒武纪时的一次重大演化革命。换言之，在寒武纪可能发生了快速的、爆炸式的辐射演化，在短时间内产生了大量的新类群。

为什么偏偏是寒武纪呢？克劳德认为，在那时大气氧含量超过了一定程度，绝大部分真核生物的生存都需要氧气。对于单细胞而言，全部的氧气都可以靠细胞膜的渗透获得；但是当多个细胞聚集到一起时，体积增大而相对表面积减小，就需要更高的氧气浓度。当然再往后可以用其他的方法补救，比如演化出鳃、肺和血液循环；但是这第一个门槛必须迈过去。

证据呢？克劳德指出，在海水中二价铁离子和氧气是不兼容的，相遇就会氧化形成三价铁进而沉淀，形成所谓"条带状含铁建造"。这种沉积物曾经遍布太古宇的地层，但在大约 18 亿年前突然不再形成了。由于氧气可以不断生成，而铁却无法补充，这个停止只能有一种解释：海水里的二价铁在此时被耗尽；而氧气也终于可以开始积累了。克劳德估计，按照这个速度，差不多在寒武纪，氧气足够达到可以维持多细胞生物的浓度。当然，这个估计的证据并不很充分，但是他的挑战已经摆上了擂台：如何证明寒武纪是或者不是一次真正的爆发？如果是，原因又是什么？

达尔文那个时代，寒武纪出土的很多化石都是一些小贝壳。而且支离破碎的，也看不出什么蹊跷的。到了克劳德时代，情况也没好到哪里去。挖出来的东西虽然丰富了很多，也没什么新鲜的，长得都比较正常，不就是贝壳啦、三叶虫啦。

1909 年，查理·沃科特在加拿大布尔吉斯山间小路偶然发现了不少化石。可惜，布尔吉斯位处偏远山区，只能骑马去。沃科特当时更关注于前寒武纪的生命，他的考察队也太小了，连老婆孩子都齐上阵打下手了，反正，各种各样的原因导致他在布尔吉斯页岩上没有花太多的精力。他在描述分类时仍然沿用了当时的分类学惯例，结果是六万件标本全部归入了已

图 74　加拿大布尔吉斯岩

知的门类。1927 年他逝世之后，布尔吉斯有一段时间几乎被遗忘了。

过了三十多年，莫里斯等人再次关注到布尔吉斯页岩标本的时候，他们惊呆了。很多物种的身体构型非常特殊，很难归入传统的分类之中。许多人开始考虑为这些奇形怪状的东西建立新的纲甚至门。班特森在 1977 年提出，有可能寒武纪大爆发的规模比克劳德以为的还要大得多，实际上这场爆发可能是自然界一次狂放的实验，大自然

创造出了各式各样的"怪物"，它们大部分是悲催的试验品，没多久就灭绝，只有少数存活下来，成为后来其他物种的祖先。

古尔德很开心，立马写了一本书叫作《奇妙的生命》，详细介绍了布尔吉斯页岩里面发现的这些稀奇古怪的动物，那些动物不得不让人感叹，大自然真是会开脑洞。这些动物长

图75　古尔德（1981年照片）

得也太前卫了点儿吧，远远超出了一般人的想象。这本书写得妙趣横生，又是一本畅销书。普通人看得津津有味，学术界炸了锅。这些奇怪的物种真的与以前的物种毫无联系吗？全都是寒武纪从石头缝里蹦出来的？

后来又有一个发现让科学家们挠头不已。因为不太好判断这些生物到底是什么时候的。1947年，在澳大利亚南部的埃迪卡拉发现了一群奇怪的动物化石。后来就被命名为埃迪卡拉动物群。大家在判断这些动物的年代时发生了困难，到底是寒武纪以后的还是寒武纪以前的呢，一时也搞不清楚。一直到20世纪70年代才确认，埃迪卡拉动物群是前寒武纪的生物，距今6亿～6.8亿年。它们存活的年代也就被称为"埃迪卡拉纪"。不过我们中国人还是喜欢一个更简单的名字"震旦纪"。

就在距今6亿～6.8亿年前。覆盖地球表面的冰雪开始消融。此前经历了一个非常漫长的冰期。整个地球都变成了一个大冰球。最后还是靠着火山喷发，不断地喷出温室气体，地球才慢慢地暖和过来。二氧化碳含量达到史无前例的13%。天气暖和了，阳光也很充足，空

气里面二氧化碳又多，海洋中的藻类达到空前繁荣的状态。它们拼命光合作用制造氧气。同时大气里面的碳酸素也不断地被搬进了海里。要知道生命力最重要的元素就是碳。生命开始了爆发。多细胞生物开始涌现了。

图 76　埃迪卡拉动物群

　　埃迪卡拉动物群里面发现了 3 个门，22 个属，31 个物种。当然，这些动物都很原始，说它们是多细胞动物，还真就是"多细胞"动物，比起单细胞动物，只是细胞多一点而已。比如有一种查恩虫，长着果冻一样的羽毛，同时从沙泥里钻出，有 3～4 厘米高，用皮肤来过滤养分，根本没有肠胃，直接吸收养分就行了。还有一种狄更逊水母，说是水母，长得就像放在门口的脚垫子。扁扁的，长椭圆状，表面还有条纹褶皱。表面积大，接触到的养分就多。因为它们都没别的办法，只能被动性地等着。因此表面积大就变得很重要了。狄更逊水母也叫狄更逊蠕虫。有一种斯普里格蠕虫很有意思，身体是左右对称的，这很可能是地球上第一种对称的动物。

　　不要小看对称，我们地球上的动物大部分是对称的。蠕虫虽然没脑子，但是对外界的刺激有反应。能够前进后退，已经能分出头尾

图 77 　斯普里格蠕虫

了，还能分辨碰到的是沙子还是肉。当它碰到狄更逊水母就压到人家身上，把自己的消化系统翻出来，慢慢消化掉狄更逊水母。狄更逊水母就是个大肉饼，一点办法也没有，长得大也没用，只能被蠕虫欺负。当然，也不是只能等着被欺负。有的生物已经会用刺丝来捕猎了，长得像一根在海底漂着的管子，万一有东西掉管子上，碰到了机关，立刻就会有带毒的刺丝射出来。这在当时已经是很厉害的技术了，可惜没眼睛，就只能靠运气。细胞的功能也开始分化，管子内部的细胞专门分泌消化液。多细胞开始有分工合作了。

埃迪卡拉动物群代表的那个时代是一个多细胞动物开始繁盛的时代。但是它们都是很软的动物，没壳子，没脑子，留下化石就很难。不过这也很难解释为什么这些动物都消失了。有人说是碰上了灾难，有人说是都被吃掉了。

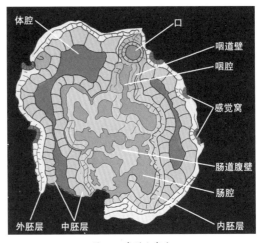

图 78 　贵州小春虫

谁？谁吃掉的？反正到现在大家还在困惑。那个时代的大多数动物都没有延续到寒武纪。那么寒武纪的生物又是从哪儿来的？

有一种非常不起眼的小蠕虫化石引起了人们的高度重视。这还是在我国贵州的瓮安发现的，称为"贵州小春虫"。这种虫子很小，只有0.1毫米大。但是这种蠕虫也是演化史上的一个里程碑。那么这种小虫子有什么厉害的地方呢？厉害在它的三层次结构。简而言之外面一层皮，中间是肉，再里面一层是肠子，整体是个管子结构，一头是嘴，一头是肛门。明白了吧，小春虫的结构虽然很小，但是它是一种结构完整的、有消化道的物种。以后的数百万年里，小春虫的后代们展示出了无限的演化潜力，终于迎来了寒武纪的大爆发。

图 79　怪诞虫的复原图

寒武纪的确是有很多的化石让人琢磨不透。一种虫子尤其让人挠头。长得太奇怪了，因此被叫作"怪诞虫"。这个虫子有着细长的身子，长着两排尖刺当腿。背上有一列触手，脑袋是个鼓起来的圆球，这是怎么长的。没办法，化石都是压扁的，只能看到压扁以后的样子。后来我国的澄江动物群被发现了。很多软体动物被非常完整地保存了下来，而且有的还能看清楚内脏结构。大家发现了与怪诞虫类似的动物。原来，整个给人家弄拧了。原来认为是背上的触手的，其实是脚。原来认为是脚的，闹了半天是背上的尖刺。原来认为是脑袋的，闹了半天是尾巴。因为成为化石的时候被压扁了，内脏被挤出去了，挤到尾巴那儿成了一个球。细的一头发现了眼睛和嘴巴。这才是真正的头部。脑袋上有两只单眼，这两只眼睛很简陋，能看见个光就不错了，起到的作用也就是躲到阴影里，想看清楚东西，那是不可能的。

眼睛的演化也不是一蹴而就的，虽然细胞对光的敏感起源于一次基因突变，但是演化的途径却有很多独立的分支。可见大自然误打误撞的事儿也不少干。一开始只是某些细胞对光有反应，能看见个亮暗。后来逐渐发展到好多感光细胞凑在一起，这个地方形成了个凹坑。形成个凹坑有啥好处呢？可以辨别目标方向。某个细胞变暗的最多，那么一定是它对着的方向有东西遮挡。渐渐地，凹坑越来越深，坑口也开始变小，变成了一个小孔。那么已经可以小孔成像了，里面一堆的感光细胞的分辨率也越来越高。后面慢慢进化出晶状体以及操纵的装置，那么单眼就这么越来越完善。

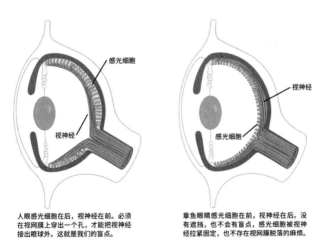

人眼感光细胞在后，视神经在前。必须在视网膜上穿出一个孔，才能把视神经接出眼球外。这就是我们的盲点。

章鱼眼睛感光细胞在前，视神经在后。没有遮挡，也不会有盲点，感光细胞被视神经拉紧固定，也不存在视网膜脱落的麻烦。

图 80　眼睛构造对比

不过，章鱼的眼睛和我们人类的眼睛看上去都差不多。其实不是同源的。章鱼的眼睛和现代的摄像头感光器件类似。视网膜正面是感光的，每个感光细胞的神经血管啥的都从背面出来。我们人眼恰恰不是这样的。我们的眼睛结构是很不合理的，纯粹是凑合着能用就用了。我们人眼的感光细胞的血管神经之类的都是长在视网膜正面，这是个脑残的设计。从正面拉出一大把神经，还要找个地方从正面穿到视网膜背面，这个点就是盲点。生理课上都讲过眼睛的构造。人家章鱼就没这个麻烦。从这一点来讲，我们的眼睛与章鱼不是同一个祖宗。

再回来说寒武纪，眼睛的出现可是重要的事儿。一旦有了眼睛，那捕食的效率就高多了。生存竞争就激烈多了，有人说正是因为有了眼睛，竞争极其激烈，才导致寒武纪的生物进化大大加速了，简直像踩了油门一样。当然，生物学上的事儿没那么单纯。不是简单的一个原因造成的。不管怎么样，怪诞虫搞清楚了真实面貌，原来也不是太奇怪。这种动物属于寒武纪比较常见的"叶足动物"。叶足动物基本上你可以认为是长腿的蠕虫。

寒武纪的动物已经开始出现了硬壳。有了硬壳就可以很好地保护自己了。因此留下的化石就比较丰富。但是长硬壳怎么打弯儿呢？如果身体不能弯曲，那就不能动弹了，那也不行啊。其实这是个渐变的过程，长得像个管子的蠕虫开始慢慢出现环节了，身体是一圈一圈的，长得类似蚯蚓。然后慢慢演化出了附肢。接着内脏越来越复杂，

图 81 虾米的头哪里去了？这朵菊花又是啥？

器官越来越完善。现在可以用腮来呼吸了，那么也就不需要用皮肤来交换空气。于是慢慢地就可以进化出硬壳了。所以，在长出硬壳之前，身体结构已经比较完善，身体也分很多节。那么身体弯曲也不在话下了。顶盔掼甲的节肢动物就开始出现了。

一开始，大家认为寒武纪的动物都是一些小型的动物。他们找到了一只长得很像虾的化石。这块化石只有身子没有脑袋。脑袋哪去了？天知道。化石通常都是不完整的。一条弯弯的身子，长着好多腿。怎么看都是个虾。于是命名为"奇虾"，奇怪的虾嘛！后来还发现了水母的化石，是在布尔吉斯发现的。这个水母长得还真像个菊花的样子，一圈的叶片，中间一个洞。后来又发现了一个大海参。反正大家觉得寒武纪的生物长得都是怪模怪样的，长得很没逻辑。

图 82　比较完整的奇虾化石

直到多年以后，剑桥大学地球科学部的教授、杰出的三叶虫专家惠汀顿检视了加拿大寒武纪化石标本，其中一块保存得并不完好的大型标本让他无比震撼，四个物种竟然在一个动物的身上依次出现了，这些风马牛不相及的家伙能够拼合在一起，成为一个巨大的生物体：一个脑袋，前面长着两个附肢，过去被误认为是一只虾，其实是一对附肢。附肢负责往嘴里划拉东西。过去认为是菊花的那个东西，其实就是嘴。身体扁平，分成11节，每一节上两边有扁平的叶片。中间的最宽，越往头尾越短。这些叶片可以划水，奇虾可以在水里高效率地游动。它的体型在寒武纪是数一数二的了，因此它也是寒武纪的王者。最完整清晰的奇虾化石出现在我国的澄江动物群，实在是长得太奇怪了。

图83 奇虾的复原模型

2011年的时候，奇虾的复眼被完整地发现了。它的大眼睛已经相当完善，拥有16000个水晶体。复杂程度只有现代的蜻蜓可以与之相比。有了大眼睛，捕猎也就相当厉害了。有人在粪化石里面发现了三叶虫的碎片。想来想去能咬死三叶虫，好像也就是奇虾了。别人没那么大的本事。过去认为三叶虫的复眼是最灵敏的，现在看来，奇虾要比三叶虫灵敏30倍。有不少三叶虫的化石有咬痕。现在想来应该是奇虾咬的。不过奇虾也不是一个物种，而是一个大家族。有人分析，其中一种奇虾好像是吃浮游生物的，也有人认为是吃软乎乎的动物的。三叶虫太硬，犯不上啃硬壳。三叶虫也是一个大家族，而不是一个物种。

不过，奇虾存在了大约1亿年，最后还是灭绝了。大型动物总也挺不过某个关口，世道一变，最先倒霉的就是它们。后来的奥陶纪也出现过很多大型的甲壳动物，也没留下来。

间断平衡理论很好地解释了生物进化的快慢不均现象。寒武纪的生命大爆发就是个典型。过去我们只知道寒武纪有三叶虫，现在我们知道了，寒武纪的顶尖动物是奇虾，奇虾有一米长。不过，当下最大的节肢动物是什么呢？是杀人蟹。身子倒不算大，45公分左右，但腿长，拉开了量一量，足有3米多。

间断平衡理论的来源是古生物学的研究。但是古生物学的研究主要依赖化石。可是通过怪诞虫和奇虾的案例我们也知道，化石的保存不可能那么完整，而且还有如何去解读复原的问题。不过古生物学也因此有了无限的魅力，就像破案一样，层层递进，一环套一环。一个新发现很可能就会推翻已有的结论。

间断平衡理论主要的捍卫者是古尔德。古尔德还是个社会主义者，特别信奉恩格斯的《劳动在从猿到人的转变过程中的作用》。他觉得，不应该因为反对苏联就否定恩格斯的自然辩证法。那年头正打越战，很多大学都反战，哈佛大学也闹起了示威游行。古尔德跳出来跟警察发生了冲突，可见这家伙还挺容易激动的。当时几派进化理论谁都不服谁。道金斯那本《自私的基因》打得集体选择学说抬不起头来，也否定个体选择学说。按照道金斯的说法，生物不过是基因的马甲。背后操控的都是基因。

古尔德倒是不怎么认同基因选择理论，因为单个基因必须与其他基因合作才有意义。所有基因协调一致作用于个体，自然选择只发生在个体身上，这就是古尔德的观点。假如一个人跑得非常快，但他却是个"脑残"。那么他大概率是结不了婚，留不下后代的。那么他善于跑步的基因也就没办法传下来。基因能不能传下来，不取决与单个基因，取决于整体。这样一来，转了一大圈，又回到了原点，达尔文一开始就认为是个体选择。个体选择学说有自己的软肋。那就是何为

"适应"。两只兔子，一只兔子是个吃货，看见草就吃，生活质量倒是不错，但是它丝毫不理会周围的危险。另一只兔子则是高度敏感，发现不对劲立马就逃，抢食的能力固然不行，逃跑的功夫倒是一流的。那么谁更适应环境呢？你根本不好评判。生活质量好像不能作为孰强孰弱的标准。

那么生孩子多是不是就有竞争优势呢？就这个标准来讲，人肯定比不过老鼠，也比不过蟑螂，这又不好解释了。最后古尔德给出了一个分层次的解答。自然选择是分层次的。从个体上、基因上、群体上都在进行不同层面的自然选择。每一层有每一层的游戏规则。这样一个综合理论好像可以解决问题了。其实麻烦还在后头呢，这回来找麻烦的是分子生物学家。

听一听　　　听一听

第 17 章

中性突变：分子层面的游戏规则

自然选择学说受到来自分子级别的挑战。这一次挑战发生在 20世纪 60 年代末，综合进化论认为，自然选择是生物进化的主要动力。但是偏偏有人出来说不。而且人家证据还很硬，你还不太好反驳。这个证据是在分子级别。遗传学和进化论虽然是相伴相生，但毕竟是两个方向。我们不得不把遗传学这一头捡起来说一下。

20 世纪因为第二次世界大战的关系，明显被分成了前后两截。欧洲一打仗，科学家就跑路了。其中就有著名的物理学家薛定谔。德国纳粹一得势，薛定谔就离开德国来到了英国，落脚在了牛津大学。后来得到信息，他和狄拉克分享了诺贝尔物理学奖，他高高兴兴回了自己的祖国奥地利。哪知道德国并吞了奥地利，他还是落在了纳粹的手里。后来辗转去了爱尔兰的都柏林大学，在那里一干就是好多年。1943 年，他在都柏林高等研究院开了个讲座，完整地讲述了他对于物理学和生命的看法。后来讲稿集结成书，就是《生命是什么——活细胞的物理学观》。

这本书非常出名，他影响了一代人投身于生物学界。要知道薛定谔可是量子力学的开创者之一，物理学的大牛。而且他从小兴趣爱好广泛，对于生物学一直很感兴趣，而且他有着哲学家的洞见。《生命是什么》这本书号称分子生物学中的《汤姆叔叔的小屋》。《汤姆叔叔的小屋》引发了南北战争，薛定谔的这本书也引起了非常强烈的反应。一大群物理学研究者转行开始研究生物学，一系列物理学方法就被带入了生物学领域。

那么这本书究竟讲了什么呢？薛定谔是从物理学开始讲起的。毕竟这是他的本行，也是他思考的出发点。生命究竟是什么呢？宗教信徒反正总是把这事儿推给上帝，都是他干的。对于化学家来讲，一切都是化学反应。早期化学家都认为，有机物是只能靠生命来获得的。

比如从葡萄汁里面可以提取酒石酸，从尿液里面可以提取尿素，从酸奶里面可以提取乳酸。这些东西都是只能靠生命才能制造出来。有人提出了一种叫作"生命力"的东西，靠人工化学合成是搞不定这些东西的。但是，化学家维勒打破了这种迷思。他靠加热氰酸铵成功获得了尿素。本来，并不存在什么神秘的"生命力"，有机物质，乃至生命都遵循普通的化学过程。

图 84　薛定谔 (1933)

早期生物学家们只关心生物是如何演变的，他们并不关心生命是什么。薛定谔作为一个物理学家，他显然是从物理的角度来探讨生命现象的。在他们看来，一切科学都是物理学。物理就是"万物至理"。那时候，大家还不知道遗传物质的化学基础究竟是什么，到底是什么东西构成了遗传物质。但是，大家都知道遗传物质在染色体里面。

我们前文讲过，摩尔根研究果蝇，对着果蝇搞"满清十大酷刑"，逼着果蝇的遗传出现变异。后来发现，X 射线最有效。弄不好果蝇就出现没翅膀或者没眼睛的怪胎。摩尔根的心思都集中在了这些怪胎身上。但是薛定谔不一样，他有物理学家的洞见。他的眼光盯在了 X 射线上，X 射线可以使化学键断裂，但是影响的范围并不大，仅有少数原子会受影响。为什么极少数原子受影响，就会造成生物发生严重的变异呢？

薛定谔推想，一个原子是携带不了多少信息的。那么一个基因，要是原子数过少，那么显然是不稳定的，量子涨落会很厉害。只有原子数足够多，才能保持遗传基因的稳定。晶体小分子肯定不行，非晶体的大分子才有这个本事。遗传物质一定是基于非晶体大分子，信息是靠分子的结构排列来携带的。遗传基因说到底是一串信息。生命看来与信息是密不可分的。遗传物质必须保持有序的结构，才能稳定地携带信息。可是为什么会稳定呢？要知道自然界整体遵循热力学第二定律。在一个孤立系统之中，熵是无可避免地走向增大的。背后的含义就是必定从有序走向无序。那么，生命为什么能够做到从无序到有序，并能够生生不息？

薛定谔认为，生命体是处于一个开放状态下，不断地从环境中汲取"负熵"，这种"新陈代谢"使得有机体成功地消除了当它自身活着的时候的熵增。伏尔泰说过"生命在于运动"。薛定谔说"生命在于负熵"。我们自己也有体会，人的衰老大约可以看成是熵增，当你身板不再挺拔，当皱纹爬上了额头。你能真真切切的地感觉到，生命正在从有序走向无序。我们可以从外界获取负熵的物质来弥补本身的熵的增大。我们一直都在这么做。当我们再也没办法这么做的时候，生命就终结了。

第二次世界大战，各国都有大批的科技人员为战争服务。物理、化学人才特别抢手。但是，二战结束以后，物理学方面的人才显得过剩了。他们对未来的道路就开始感到迷惘了。这时候，薛定谔的《生命是什么》给了他们很大的启示，原来还有生命科学这么大的一片蓝海需要人才啊。

不出所料，在薛定谔的感召之下，生命科学出现了两次革命。一是分子生物学的革命，标志是 DNA 双螺旋结构的发现。分子生物学的出现，受到薛定谔等物理学家的极大影响。同时，物理学还为生物学提供了 X 射线、核磁共振、电子显微镜、高速离心机等工具。二是基因组学，就是我们说的测序，这是数学、计算机科学和生物学的交叉。

一批批物理学家投身到计算分子进化和遗传学的研究洪流中，新西兰物理学家威尔金斯（1945 年转向）和英国物理学家克里克（1947年或 1949 年转向）就是其中的二位。克里克原本打算研究粒子物理的，看了薛定谔的书，他开始迷上生物学了，一头扎进去就再也不出来了。威尔金斯也是看了薛定谔的书，告别了物理学，开始转向探究生命大分子的复杂结构，此间奥妙无穷啊。

此外，美国生物学家沃森在芝加哥读大学时，就被薛定谔的书牢牢地吸引住了，他立志献身于揭开生命遗传的奥秘。不仅他们，其他诺贝尔奖得主——如卢利亚、查尔加夫、本泽等也都受到《生命是什么》的感染，贝塔朗菲的生命系统论和普里高津的耗散结构理论也从该书中获益匪浅。薛定谔的书真是起到了非常大的推动作用呢。

1951 年，年轻的沃森来到克里克所在的卡文迪什实验室。当时的不少人认为，染色体里面的蛋白质才包含遗传信息的物质，相信 DNA 是遗传物质的人不算多。但是这二位是坚定地认为 DNA 才是遗传物质。通过 X 光结晶影像技术的帮助，沃森和克里克观察到了 DNA 分子的成分以及长链 DNA 分子以螺旋状呈现等信息。但是，DNA 分子究竟是由几个螺旋组成的呢？内部间的各成分又是怎样组合的？螺旋到底有多密？圈与圈之间的缝隙有多大？这一大堆的细节问题，他们还是搞得一头雾水。

与当时其他人的思路不同，沃森和克里克坚持要先找到 DNA 分子结构的模型。其他人都不擅长建分子模，他俩特别在乎这个。从五金商店买回来一堆零件就开始拼接。受到前人的影响，他们按照三螺旋的思路折腾了好久，可是怎么鼓捣也不对。他们也遭到 X 射线衍射摄影高手罗莎琳德·富兰克林的强烈反对，那张证明 DNA 螺旋结构的照片就是她拍的，这二位的工作陷入了僵局。后来他们看到蛋白质结构权威鲍林关于 DNA 结构的论文，鲍林认为 DNA 分子结构为三螺旋。沃森在认真考虑并向同事们请教后，果断地否定了权威的结论。在不到两个月内终于取得了后来震惊世界的成果。

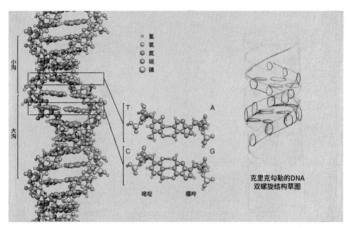

图 85　DNA 双螺旋结构

　　1953 年他俩提出了 DNA 双螺旋分子结构模型。文章不长，大概 900 多字，但是引起了轰动。遗传物质被揭开了神秘的面纱。原来 DNA 是个双螺旋结构。这个模型成功地说明了 DNA 通过双螺旋的解旋，以每条单链为模板合成互补链而复制，长链上的碱基序列是怎么构成遗传编码的。就这样，沃森、克里克、威尔金斯因对核酸分子结构和生物中信息传递的意义的发现，而获得了 1962 年诺贝尔生理学或医学奖。从此，分子生物学诞生了。当然，其中也伴随着一系列的冲突、误会，以及江湖恩怨。真正拍到那张至关重要照片的罗莎琳德·富兰克林根本没被提到。后来过了好久，才确认了她的贡献。这时候罗莎琳德·富兰克林已经故去多年了。

　　也许大家会问：沃森和克里克为什么会成功？从 X 射线衍射分析技术看，沃森和克里克显然不及威尔金斯和富兰克林。就结构化学知识而言，沃森和克里克更不是鲍林的对手。沃森和克里克能拔得头筹，靠的是俩人的合作，靠的是知识和能力的互补，靠的是博采众家之长。这对组合最强的优势是把物理和化学的研究资料都放到生物学背景上去考虑，时刻牢记 DNA 是遗传物质，搞清楚 DNA 分子结构，就是为了在分子水平上阐明基因的自体催化（复制）和异体催化（编码蛋白质）。迄今为止，搞清楚结构的大分子不计其数，结构之复杂、精度之高都大大超出双螺旋模型，有不少也获得了诺贝尔奖。但全世界唯独把 4 月 25 日定为国际 DNA 日，就是因为这个模型深刻的生物学内涵——它揭示了生命的分子本质，揭示了 DNA 的生物学之魂！

　　大约就是薛定谔写《生命是什么》的时候，一个年轻的日本人进入京都大学求学。1944 年的日本已经江河日下，兵源枯竭。有经验的老兵们早就打光了。这个年轻人为了躲开能为战争服务的学科，就去研究遗传学了。这个年轻人叫木村资生。当克里克和沃森研究出 DNA 的双螺旋结构的时候，木村君恰好去美国深造。在美国深造了 3 年以后，他回了日本。在当时，利用分子遗传学来研

图 86　木村资生

究进化论是一条新路。有不少人认为，新的理论恐怕会从根子上动摇达尔文的理论。哪知道分子遗传学和达尔文的理论可以说完全相符，有力地支持了达尔文的学说。所有的生物都是用同一套机制来控制遗传变异，具有共同的分子结构基础。这就明显表明达尔文的共同祖先理论应该是正确的。生物信息可以从核酸传递给蛋白质，但是没办法从蛋白质传递给核酸。这等于否定了拉马克的获得性遗传。

　　分子生物学还提供了不少的工具。比如说，可以比较重要基因的核苷酸序列来判定两个物种亲戚关系的远近。这种信息是包含在生物

体的身体内，要比化石准确得多，也方便得多。

木村资生研究的就是分子生物学。他也是自然选择学说的忠实信徒。但是到了 1968 年，他惹出麻烦来了。他得出一个离经叛道的结论，在分子层面，自然不选择，自然选择似乎失效了，这是怎么回事呢？

1962 年，祖卡坎德尔和鲍林对比了来源于不同生物系统的同一血红蛋白分子的氨基酸排列顺序。他们发现，其中的氨基酸在单位时间以同样的速度进行置换。后来，许多学者又通过直接对比基因的碱基排列顺序，证实了分子进化速度的恒定性大致成立。

这话该如何理解呢？就拿血红蛋白来讲，虽然发生了变异，但是并不耽误血红蛋白继续发挥作用。血红蛋白本职工作是携带氧气。就好比螺母都是六角的，某个基因突变了，变成了四方的，也不耽误拿扳手拧紧。因为这东西不耽误事，也就没必要更换。尽管发生了突变，也没法说这是有益的突变还是有害的突变。既然说不出好坏，也不耽误事，我们可以说这种突变是中性的。既然中性突变不会带来明显的缺陷，自然选择的大过滤器就无法发挥作用。1968 年，木村资生在《自然》杂志上发表了《分子水平上的进化速率》这篇论文，明确提出了中性学说。后来，木村与其密切合作者太田朋子对分子进化的中性学说的内容作了一个归纳：

1. 分子进化速率基本恒定。不论表型进化快的物种或进化慢的物种，就特定蛋白质而言，只要结构与功能本质上不变，以其氨基酸置换速率所表示的分子进化速率就是一定的。

2. 功能上对生命生存制约性低的分子或一个分子中不那么重要的部分，较之对生命生存制约性高的分子或分子中重要的部分，其突变率置换率高。

3. 进化过程中，对分子功能不损害或损害轻的突变（置换）较之损害严重的突变容易发生。

4. 具有新功能的基因一般起源于基因重复。认为基因先进行重复，是生物进化的前提。重复后，一个基因维持原来的生命功能，另外一个基因有可能因为有害而被淘汰，也有可能因环境改变而因祸得福反而促成进化。

5. 中性突变包括有害程度轻微的突变；分子进化中遗传漂变对中性突变在群体中的固定发挥着重要作用。

既然自然选择不起作用，那么中性突变的个体就不会突然繁盛或者突然灭绝。既然这些中性突变是"人畜无害"的，就可以在体内一代一代的流传下去。而且基因突变的概率比较恒定，几乎可以当作钟摆来看待，所以可以当作"分子钟"来使用。我们去对基因做分析，根据各种突变出现的概率就大致理清楚什么时候出现了这个突变。分子钟是个非常有用的工具。

木村君最头痛的就是自然选择在分子领域不起作用。有人说这是自然选择理论第一次碰到了实实在在的问题。在宏观层面，自然选择无疑是最靠得住的理论。可是在分子级别出了麻烦，这可怎么办啊？要知道木村君自己还是倾向于自然选择学说的。但是外界舆论可不管那一套。反正每次有这种新发现，媒体都会大呼小叫："达尔文的进化论被推翻啦！"反正"标题党"哪国都有。木村和拉特两个人提出了两种假说来调和中性理论和自然选择。

1. 基因微效假说：分子水平的几乎所有突变看上去好像是中立，其实并非中立，许多基因的微小效应累计起来就很可观了。完全可成为生物发生适应性变化的原因。

2. 主要基因效果假说：大部分碱基置换是中性或近似中性的，很少数的突变对生物存在是有利的，从而导致产生适应性进化。这就等于承认了自然选择的机制也深入到了分子水平，等于承认中性突变不过是进化过程中无足轻重的"杂音"罢了。

这两种假说都可以解释物种的变化。但是新物种是怎么产生的呢？这也是一个大问题。木村提出了"松弛假说"。这个理论是这么说的：

1. 第一阶段：由于竞争对手消失或出现新大陆，生物从严酷的种内、种间斗争解放出来，周围没有了竞争对手，环境出现空白或松弛状态。
2. 第二阶段：由于生存环境松弛，自然选择压力大大降低，从而各式各样中性突变可以急速发展和积累。
3. 第三阶段：在积累起来的中性突变中有些突变可能对生物适应外在情况变化起着有利作用（即主要基因效果）。
4. 第四阶段：当各式各样突变型增多，挤满了宽松环境时，自然选择重新发挥强有力的作用，从众多变种中产生出具有适应优势的新物种，从而实现进化。

这个物种形成的理论还只是一个假说，尚有待验证。反正，中性学说揭示了分子进化规律；其次，中性理论强调随机因素和突变压力在进化中的作用，是对综合进化理论的纠正和补充。当然，中性论者一方面承认自然选择在表型进化中的作用，另一方面又强调在分子层次上进化的特殊性。反正，中性学说也就管中短时间的进化过程。长期进化的过程，中性学说是管不了的。分子水平上的理论，管不了彗星撞地球。特别是像引发恐龙灭绝的那种大灾难。所以有人又把新灾变说给拿出来了。

虽然话是这么说，自然选择，适者生存。但是自然界充满了不确定性。有时候纯粹就是运气。一个小岛发生火山爆发，绿蛤蟆全死了，碰巧留下两只棕色蛤蟆。结果以后这个岛上的蛤蟆全是它俩的后代，都是棕色的。你说棕色蛤蟆何德何能？就比绿色蛤蟆更适应环境？恐怕也不能这么说，点儿背不能怪自己不努力啊！这纯粹就是运气问题。

不管怎么说，中性突变提供了另外一个视角，一个手段，可以从DNA里面提取出远古的信息。因为突变基本上不受外界干扰，是一个可靠的信息，这些信息甚至能透露出我们人类自身的历史秘密，那就是我们从何而来。

听一听　　　听一听

第 18 章

走出非洲：人类祖先踏上征途

某种程度上讲，我们人类能进化到现在这个程度，的确是运气太好了。地球上诞生的人类并不只有我们一种。但是其他人类都灭绝了，只剩下我们这一支。各地陆陆续续地挖出了很多古人类的化石。我们中国人最熟悉的就是北京猿人，还有蓝田人、元谋人之类的。反正我国面积大，挖出化石的概率也就比较大。正因为分子生物学的突飞猛进，我们得以从另外一条途径来研究人的进化历程，这靠的就是分子钟。正是因为有了这个技术，科学家们可以从人体的 DNA 里面追根溯源去寻找人类起源的证据。毕竟这些基因在我们的体内不断地遗传了成千上万年。

　　过去我们认为北京猿人是我们的老祖先。全世界范围内很长时间也都是这么认为的。现在从基因分析上来看并不是这样的。他们与我们的亲缘关系很远很远，根本谈不上是同一分支。他们属于直立人，我们属于智人。当然，只要你愿意追溯，所有人科物种总可以追到一个共同祖先身上，这是基于进化论的一个基本判断。那么这个共同的祖先在哪儿呢？最有可能生活在什么地方呢？

　　1973 年 11 月底，一支国际考察队在埃塞俄比亚的阿尔法谷底发现了一些古猿化石，通过观察这只古猿的膝关节角度，这些人类学家们大吃一惊，他们发现这只雌性古猿在生前竟然是靠两个腿直立行走的，从某种程度上讲，她可以称得上是我们全人类的祖奶奶。这个人种就被称为 "南方古猿 α 种"。名字太长不便于称呼，就给她起了个女性的名字叫 "露西"，距今大约 300 万年。后来又在非洲发现了一个更古老的化石，距今有 440 万年了，也起了个名字叫 "阿尔迪"。看来，非洲就是人类起源的地方。万一将来别的地方再挖出来更古老的化石怎么办呢？那好办，改呗！科学就是在不断地更新已有的认知。特别是古生物学领域。

露西挖出来不久，也还是在非洲。古人类学家们又挖出了另外的古人类化石，周围还挖出很多石头工具。看来这个古人类的手还挺巧的。于是这个人种就被称为"匠人"，他们生活在 190 万~140 万年前。这显然比露西晚了不少。大约在 160 万年前，他们开始使用工具了。他们是不是露西的后代呢？很有可能。不过他们和露西之间还相隔一个"能人"。能人骨骼化石是在 20 世纪 60 年代被挖出来的。现在大致认为，南方古猿是能人的祖先，能人可能是匠人的祖先。

图 87 "露西"的遗骸化石

匠人很重要，因为 170 万年前一支匠人往东迁徙了，从非洲往亚洲这边儿走，然后又分成两支，一拨往北成了直立人的祖先，另一拨往南成了佛洛勒斯人的祖先。北京猿人就属于直立人。留在非洲的那些匠人们也没有停止演化。匠人之中的一支演化成了海德堡人。海德堡人的脑容量已经很大了，身体也强壮，身高能到 1.9 米，放在现在也是大个子。在海德堡人周围发现了野生的鹿、象、犀牛以及马的骨头。而且有被捕杀的痕迹，看来海德堡人已经很猛了，而且那时候的环境也不错，比较温暖，大个子有优势。

如果说海德堡人是"高富帅"，那么佛洛勒斯人就是"矮穷挫"。科学家们在印尼佛洛勒斯岛的洞穴里挖出了一种非常奇怪的人类骨骼。他们身高不过才一米出头。一开始大家以为挖出来的是个孩子，仔细一看明显是个成年人，相比人类的体型，他们非常矮小。因此就顺利地获得了一个外号"霍比特人"，学名叫"佛洛勒斯人"。他们为什么这么矮小呢？有一种理论认为海岛上的生物，体型都不大，因为资源匮乏。大体型的生物比较吃亏，只有身材矮小的动物才能生存，这也没有办法。

正因为海德堡人很厉害，因此扩散也很快。但是好景不长，气候再一次变得比较寒冷，到处是冰天雪地，人群被分割在了不同的区域里，开始各自独立演化。非洲的海德堡人演化成罗德西亚人，身高变成了 1.7 米，因为个子小点能省点粮食。欧洲的海德堡人演化成了尼安德特人，大致身高只有 1.6 米。东亚的海德堡人也化成了丹尼索瓦人，他们和尼安德特人是难兄难弟，身高也只有 1.6 米。

尼安德特人很早被发现，毕竟欧洲科学比较先进，当然是家门口的东西最先被挖出来。尼安德特人的化石 1829 年就在比利时被挖出来了，但是当时并没留意。1856 年在德国的尼安德特山谷再次被挖了出来。这才明确尼安德特人是一种史前人类。因为旁边还有很多古生物的化石，比如有洞熊、驯鹿、披毛犀和古象等的骨骼和牙齿。我们大致可以判断出他们生活的年代。我们也看得出来，尼安德特人战斗力爆表，能跟洞熊抢地盘儿。据考证，有的尼安德特人居住的洞穴是从洞熊那儿抢来的，显然洞熊打不过尼安德特人。也许，尼安德特人是用火把洞熊赶走的。他们毕竟是人类，人类是很喜欢"外挂"的。

过去，科学家们总是把尼安德特人当成是欧洲人的祖先。这与我们拿北京猿人当祖先类似。但是斯文特·帕玻领导的团队历经十年，终于从尼安德特人的化石中提取出了 DNA。有了 DNA，分子钟就可以大显身手了。经过分子钟分析后，发现尼安德特人和现代智人的祖先在几十万年前就分道扬镳了，两者之间的确是亲戚，但是尼安德特人不是欧洲人的祖先。

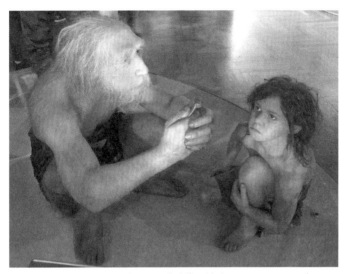

图 88　尼安德特人模型

　　帕玻还在世界各地随机抽取了上百个 DNA 样本。通过比对发现这些基因序列的差异很小。这意味着，当今世界上所有人类，同属于智人这个种，几乎是从同一支祖先进化来的。我们别看长相不一样，肤色有深浅，其实全世界的人类是同一个物种。我们相互通婚都是没有问题的，可以繁衍后代。不同物种之间很难繁衍后代。驴和马能繁育出骡子。但是骡子是不能生育的。继续繁殖下一代的可能性很低很低。亚种之间没有生殖隔离，但是效率也很低，后代之中歪瓜裂枣比比皆是。我们人与人之间显然没这个现象，所以我们都是同一物种。

　　虽然我们现代人类是同一个物种，但是基因的丰富程度却分布不均匀。非洲的基因型特别丰富。别的地方加起来再翻个倍都赶不上非洲。从这个结果大家可以猜到，人类的起源地在非洲。越是原产地，基因型越丰富。这就好比从一副扑克牌里随便抽了几张出去。这几张的花色和数字当然比不上一整副牌丰富多彩。所以越是基因型丰富的地方就越有可能是老家大本营。答案显然指向非洲。我们再对照一下古生物学，科学家在非洲挖出了最古老的人类化石，两条线索是契合的。

所以说，现代人类的祖先是从非洲走出来以后，扩散到了全世界。当然，这种迁徙可不是扛着行李、挑着担子出门长途旅行。而是由于自然气候突变导致的迁徙，目前看来，可能是因为一次火山爆发。

图 89　巨大的火山口现在是个大湖

大约在 7.5 万年前，印尼苏门答腊岛上的多巴火山喷发，喷出来的火山灰足有 2400 立方千米。现在这个火山口成了一个大湖，长 100 千米，宽 60 千米，最深的地方 505 米。根据计算机的模拟，很可能就是火山灰遮天蔽日，直接启动了地球变冷的进程。也造成了人类的困境，很可能那时候人类的数量下降到只剩下千把人。人类的祖先不得不到海边捡贝壳或者抓鱼。他们并没有明确的目的，只是为了生存罢了，一年又一年，一代又一代。今年挪几里，明年再挪一挪，逐渐离最初的老家越来越远了。

智人当时的迁移路线大约是沿着海边移动，红海对面就是阿拉伯半岛。现在看来阿拉伯半岛都是干旱的沙漠，植被很少。当年贴着海边是一片绿色走廊。此地是亚非欧三大洲的交界处，历来都是十字路口。一小群智人就往北方溜达，远远看见有一群非常强壮的家伙拦住去路。他们虽然强壮，但是看起来矮墩墩的、憨憨的。虽然他们也是人类，但显然不是同类，他们是尼安德特人，人类的祖先和尼安德特人不期而遇。

当时尼安德特人牢牢地控制着从英格兰到中亚的广袤地区，向南延伸到中东。再往东是丹尼索瓦人的地盘。尼安德特人在体力上显然是占优势的，连洞熊都不是他们的对手。我们的祖先有什么特长呢？智人具有想象力，可以想象不存在的虚拟的事物。"神仙"和"妖怪"都是虚拟的概念。国家、部族其实都是虚拟的概念。能相信万物有灵，本身就是一种抽象能力。更重要的是，智人已经可以玩儿宗教了。现在已经发现了3万多年前的原始宗教器物，一个狮头人身的小雕像。部族、宗教、国家，这都是"想象的共同体"。有了这个东西，那么我们的祖先就拥有了更大范围内协作与调动力量的能力。

真打起来，尼安德特人不一定能占到便宜。因为新来的一群智人总是叽叽喳喳的，一对一单挑显然不怎么灵。而且智人不怎么玩儿单挑，他们总能招呼来大批的援军。自己这一小撮人当然打不过人多势众的智人。不仅仅是打架人数吃亏，新来的智人居然发明了弓箭，杀伤效率大大提高。尼安德特人只有木质的长矛，而且千年万载都没怎么变过。由此可见，不怕进步慢，就怕原地踏步啊。

尼安德特人也有原始崇拜。他们会埋葬死者，已经知道了什么叫作"入土为安"，他们也不笨，他们毕竟也是人属物种，他们制作的石器还是很好用的。他们也在努力地应对环境的改变，但是他们与人类祖先之间一点点的差距在经历了漫长的历史进程以后越拉越大。他们面对的压力也不仅仅来自竞争者，气候变化也是一种压力，尼安德特人的日子越来越不好过。和智人杂处了很长一段时间以后，尼安德特人逐渐走向了末路。后来他们的栖息地萎缩到了靠南方的西班牙。尼安德特人种群数量已经变得很少了，一个物种走上了下坡路，最后的消亡就带有一定的偶然性了。也可能是疾病，也可能是气候变化，也可能是近亲结婚，这都不一定。

在西班牙阿斯图里亚斯的一处地下洞穴，出土了 8 具有 4.3 万年历史的尼安德特人骸骨。这 8 具骸骨中有 4 具是年轻人，2 具是青少年，另 2 具分别是年龄更小的儿童和一个婴儿。在这 8 具骸骨中，许多骨头都有被切割和撕扯下来吃肉的痕迹。此外，这些骸骨手臂和大腿上较长的骨头，也曾被人为地断开，很明显是为了吸食骨头里含有营养的骨髓。可见当时他们已经到了同类相食的地步了。最后的尼安德特人生活在直布罗陀，隔着海峡与非洲相望，他们知道那里是故土吗？恐怕没这个意识。他们去世之后，尼安德特人团灭了。

我们的祖先是幸运的，到现在为止，地球上只剩下我们这一种智慧生物，我们非常孤独。我们当然可以事后去总结我们的祖先有哪些优秀的品质，以至于在竞争中成为赢家。但是我们无法断定这不是幸存者偏差。我们成了一个孤证，缺乏对照组，所以尼安德特人显得比较重要，他们就是我们面前的一面镜子，尽管这面镜子已经有点模糊不清。

尼安德特人作为一个物种已经灭绝了，但是他们和智人混居那么久，频繁接触是很多的，发生族群混合也不罕见。当我们去对比尼安德特人的基因和现代人类的基因的时候，有了个惊人发现。非洲以外的人类，都带有尼安德特人的基因。平均下来占了 1%—4%。这说明，的确发生过基因交流。真的有跨越物种的爱情吗？这个我不敢保证，毕竟咱们都没见到过。但是我猜测，"罗密欧与朱丽叶"固然罕见，"山大王抢压寨夫人"却稀松平常。双方部族混战，智人这边高喊"为了部落"，然后就发起冲锋，尼安德特人死了一大堆。男的全杀了，只留下女的。这种事儿比比皆是。

慢着！你不是说物种之间有生殖隔离吗？凡是皆有例外嘛。虽然基因传续的可能性很低，但是毕竟不是 0。物种分隔时间越长，混血儿有繁育能力的就越少。几万年时间还不足以完全隔绝丹尼索瓦人、尼安德特人和智人之间的基因交流。东南亚的部分人群从丹尼索瓦人那里继承了 5% 的基因，同时从尼安德特人那里继承了 4% 到 6% 的遗传信息，有过基因混合的情况。现在是否把尼安德特人划分为智人之下的一个亚种，还有争议。实际上，物种之间总是有模糊地带。

总之，我们人类最终分布到了所有能到达的地方。支撑祖先们不断迁徙的动力是什么呢？他们聊天八卦的时候有没有畅想过"世界那么大，我想去看看"呢？我猜是有过的。当然，他们抬头仰望天边高悬的明月的时候，绝对想不到后世子孙居然把脚印留在了那里。

听一听

第 19 章

大冰期天寒地冻，走天涯四海为家

人类面对的不仅仅是竞争性的物种，还面临着气候变化的威胁。地球的气候一直在变化之中，不断地变冷，然后热起来，又开始变冷，如此循环往复。地球 46 亿年的历史中有几次大冰期。24 亿年前发生了有据可查的第一次大冰期，叫作新太古代大冰期，又称休伦大冰期。时间持续了 3 亿年之久，算是最长的一次大冰期了。据考证，这一次冰期形成的原因是大氧化事件。地球上突然出现了大量的氧气。这些氧气到底从哪儿来的，现在众说纷纭。氧气一多，原始大气之中的甲烷就大大减少。要知道，甲烷制造温室效应的能力是二氧化碳的 23 倍。大量甲烷被氧化，成为水和二氧化碳。二氧化碳形成硅酸盐变成了固体型式。这一下子，地球就冷下来了，一直持续了 3 亿年。

第二次大冰期很有名气，叫"雪球事件"，也叫前寒武纪大冰期。时间大约是从 8.5 亿年前到 6.3 亿年前。地球有史以来最严重的寒冷期，极地冰盖扩展到赤道，地球成了一个大雪球，海洋也完全冻结。去看看木卫二的样子，木卫二就是一个冰冻的大球。我们大概可以猜到当年地球为雪球的样子。

图 90　木卫二（欧罗巴），一颗冰冻的星球

那么地球如何从一个大雪球状态缓过来呢？怎么解冻的呢？成也萧何，败也萧何。大雪球上没有任何植物，也就没有了任何光合作用，大气中的碳元素是无法被固定下来变成固体，一直是以二氧化碳的形式积累着。火山不断喷发，就会有大量的二氧化碳积聚在大气层里，最终依靠二氧化碳形成的温室效应走出冰封，地球解冻了。随后埃迪卡拉生物群标志着多细胞生物的出现，以及寒武纪生命大爆发，各种生物的门基本都出现了。

后边还有几次冰期，比如早古生代大冰期，又称安第斯 - 撒哈拉大冰期，出现于古生代晚奥陶纪与志留纪，从4.6亿年前到4.3亿年前。晚古生代大冰期，又称卡鲁大冰期，出现于古生代末期的石炭纪与二叠纪，从3.6亿年前到2.6亿年前。离我们最近的一次大冰期，叫第四纪大冰期，或者叫更新世大冰期，当前大冰期，或直接叫作大冰期，开始于258万年前的上新世晚期，延续至今。这一次大冰期中，地球处于冰期与间冰期交替出现的状态，说白了就像是忽冷忽热打摆子。

在距今2.5万至1.4万年前，地球上出现了极其寒冷的时期，欧亚大陆上覆盖着厚重的冰层，海平面比现在下降了140米，海岸线大大向前推进，东亚海岸线几乎推进到了冲绳海槽。很多大型动物都走向了灭亡，比如猛犸象、披毛犀之类的。猛犸象也要吃草的，草原变成了遍地苔藓的苔原。猛犸象吃不到什么东西，只好饿肚子。偏偏这时候又冲过来一群"两脚兽"，他们围成圆圈，拿带尖儿的棍子拼命戳，猛犸象再厉害也招架不住。没多久，巨大的猛犸象就全部灭绝了。

同样，原始的人类也面临着巨大的考验。但是，危险也充满着机遇。末次盛冰期是人类发展的关键阶段。恶劣的自然环境替人类扫清了障碍，那么多大型动物都灭绝了，人类只要活下去就能赢得整个世界。当然，气候环境进一步恶化，人类也扛不住。冰河时代大面积土地被冰层覆盖，有的地方冰层达5公里厚，平均气温比现在低10至12摄氏度，气候比现在更干旱。即便原始人有御寒的工具和技术，北方也不适宜人类居住。但是树挪死，人挪活，不是有两条腿嘛。原始人类进行了迁徙，在南欧寻找避难所。要生存下去也是不容易的，死亡随时都在威胁他们。

现在科学家们发现，最早到达欧洲的智人并不是现代欧洲人的祖先。这句话该怎么理解呢？以明朝的胡惟庸为例，他被明太祖朱元璋夷三族，全部后嗣团灭。所以他不可能是任何一个现代人的祖先。同理，最先到达欧洲的那一批智人，他们的后代传到某一代的时候也都绝了嗣。所以他们也不是任何一个现代人的祖先。

那么证据在哪儿呢？原来，通过对古代欧洲人类DNA的研究发现，最早一批去欧洲的智人遇上了当时欧洲的土著尼安德特人。在长期接触的过程中，两边的基因出现了混种。测定下来，古人类的体内尼安德特人的基因比例蛮高的，达到了6%，远远高于现代人。后来，在很短的一个时期内，尼安德特人的基因比例急剧下降，到底发生了什么呢？我们大致判定，身体里尼安德特人基因比较多的那一批古人，最后全灭绝了，他们的基因没能流传下来，自然选择的大过滤器起作用了。可能是疾病，可能是严寒，也可能是身体里的基因导致的不适应。我们沿着自身的基因往前追溯，只能追到3.7万年前的那一批人类，所有的个体似乎都是从一个单一的祖先种群发展而来，目前没有实质性的证据表明，有其他的基因进来。这一批人不是最先抵达欧洲的那一批，智人走出非洲是一个比较长的时间段，有先来有后到嘛。当时欧洲的智人眼睛还是棕色，皮肤黝黑。压根不是现在欧罗巴人种的样子。1.4万年前才出现蓝色的眼睛。大约到了7000年前，才出现浅色的皮肤。反正冰河消融的那一段时间里，人群相互交流很频繁，人类开始在亚欧大陆上扩散开来。

秃笔一枝难表两家之事。人类走出非洲，并不是只去欧洲方向。其中有一哨人马居然走到了澳大利亚。花的时间也不算多。这看来有点儿不可思议，因为非洲到欧洲毕竟有陆地可以走。澳大利亚可是远隔重洋啊，怎么反倒快呢？有一支人类，开始贴着印度洋的海岸线，往印度次大陆方向走了。很快就分布到了整个印度次大陆，这地方没有土著，不像欧洲那边有尼安德特人。大部分人就在这里定居下来，繁衍后代。后代里面有一小部分不太安分，喜欢流窜。于是他们继续往东南亚方向溜达。那时候因为是冰河期，海平面下降了很多，东南亚的群岛都已经连成一片了。只花了几千年时间，就从非洲扩散到了整个东南亚地区，这个进程要比欧洲方向快一些。

从东南亚到澳大利亚就已经没多远了，制作一个简单的筏子对于人类的祖先来讲并不是特别难的事。那时候的海平面比现在要低得多，东南亚的岛屿和澳大利亚之间最近只有大约150公里的距离。因此完全有机会横渡海峡来到澳洲大陆，只要原始人愿意一次一次尝试。大约就是6万年前，人类终于踏足澳洲。那时候还处于大冰期之中，不过总是有特别寒冷的时期或者是稍暖一些的间冰期交替出现。南方的澳大利亚相比欧洲，条件好得多，没有北方的欧洲那么苦。

人类一来，很多本土动物就倒了血霉了。澳洲的大型动物基本全都消失了，大约4.5万年前，澳洲生活着一种丽纹双门齿兽，是最大的一种有袋目动物，身高2米，体重3吨，吃草的，模样有点像放大版的树袋熊，长得萌萌的。

到最后，这玩意儿灭绝了。在新西兰出土的双门齿兽被发现骨头上有过宰杀的痕迹。双门齿兽长得挺大的，估计抓到一只够一家人吃

图 91 双门齿兽

好久呢。一般来讲大型动物繁育总是很慢，长那么大体型也需要很长的时间，稍不留神就容易被杀绝种。不过古人类也要喊冤，明明没多吃啊！一个部落一个月杀一头不算过分吧。那没办法，杀得比生得快嘛，没多久这种大胖子就灭绝了。灭绝的不仅仅是双门齿兽，身高2米多，能用前爪抓树上树叶吃的巨型袋鼠也灭绝了。它们都是不幸碰到了人类，迅速就完蛋了，前后大约也就不到一万年时间吧。它们年复一年地生息繁衍，以往从来没见过这种"两脚兽"，它们根本不知道这东西有多危险，完全不知道跑，这不是倒霉催的嘛。

另外一种动物叫古巨蜥，长得有点像今天的巨蜥。不过古巨蜥很大，挖出来的骨骼有8米长。推算重量也有近2吨，还是著名的理查德·欧文爵士给起的名字。这家伙很厉害，能袭击比自己大一倍的动物。见了别的动物，从来没有闪躲的必要。可惜，即便是这种猛兽，在人类这种开了挂的动物面前也是不堪一击的，走不上两个回合就灭绝了。不管是什么样的动物，任凭你牙尖齿利，任凭你动物凶猛，也无法与人类抗衡。

图 92 古巨蜥和人的比例

人类刚来到澳大利亚的时候，根本拿古巨蜥没有办法。古巨蜥一身鳞片，真叫皮糙肉厚。但是人类不愧是人类，人类有一个最强有力的外挂，那就是火。对于火攻战术，我们中国人一点儿都不陌生，《三国演义》里诸葛亮就是个用火的高手。其实原始人也很喜欢用火，把树林点着了，把草原点着了。一把大火烧得各种动物灰头土脸地到处逃窜。跑得慢的全被烧焦了，跑得快的恐怕也活不下去了，因为环境全都改变了。人类大规模放火烧荒的行为，彻底改变了澳洲的环境，比较耐火烧的植物存留下来了，比如桉树。澳洲的桉树很多，树袋熊就喜欢吃桉树叶。环境一改变，很多物种就走上了下坡路，最后灭绝了。

最开始来到澳大利亚的人类皮肤颜色很深，是棕种人。大约4万年前，他们不仅仅分布在澳大利亚，而是扩散到了整个东亚。我们黄种人的祖先跟他们不是同一批，我们的祖先比他们晚了一点儿。都是从中东地区往东走，都是先到了南亚次大陆。黄种人的祖先则是贴着南亚次大陆的北部边缘活动。再往北就是青藏高原了，山太高了过不去。更容易走的路线是往缅甸这边走，日复一日，年复一年，来到了东南亚，在这里逐渐繁盛起来，族群人口也变多了，当时还有少数棕色人种在长江黄河一带活动，数量不算多。那时候气温很低，很多高山上都被白雪覆盖，因此要越过高山就很难。比如南岭山脉，就是一个大的屏障，走起来不方便。

从东南亚进入中国，有两条路可走，一条是走云南这边，进入云贵高原，贴着青藏高原的边缘走，过四川盆地来到中国北方。在迁徙的过程中，他们的长相慢慢开始变化了。脸变得很长，线条、棱角变得刚硬，慢慢地口音也发生变化。这一支人也开始分化，一部分往东走，这一支就是北方汉人的祖先。另一部分往西南走，在迁徙的过程中，这个群体就像细胞在不断裂变，分化出了藏、羌、彝、景颇、土家。

汉藏原本是一家，这一点从语言学里面得到了印证。我们汉语属于汉藏语系。汉语跟藏语系统性相似。分子人类学的某些成果经常可以跟语言学相互印证，这也是一个很有趣的现象。基因能够混合交流的地方，起码大家说话都能听得懂，否则怎么交流？所以基因传播范围恰恰就是语言能相互听得懂的范围。某个基因突变在这一群人之中传播，某个新词汇也在这一群人里面被广泛使用。语言学和分子遗传就对上茬了。

南路呢？他们是从北部湾附近出发的，向北进入华南，形成了南方的百越，也就是语言学上的澳泰语系祖先。南边来的这一支，经过上千年的分化，诞生了黎族、侗族、水族、仫佬族、仡佬族、高山族、壮族、傣族。当然，很多人最后融入了汉族。

北路那一支黄种人里面有一小部分半路上掉队了。他们大概是沿着长江往下游去了，这个人群在洞庭一带形成了苗瑶语系。过去有人研究长江下游的方言，上海恰好是吴越交会的地方，说话大家都是听得懂的。有人说，这根本就是一伙人，后来分化成不同的族群。按照分子人类学的研究结果来看，越人大约是 7000 年前来到上海的，吴人大约 3000 年前才来到上海，这根本不是一路人。越人其实就是南方的百越北上了。吴人其实是苗瑶语系的一哨人马来到了长江下游，被北方南下汉人同化了。反正现在都混在一起了，不管是哪路来的，都是中国人。看外形已经完全分辨不出了。

不管怎么说，棕色人种最后被黄色人种灭了。当然也伴随着不少混血的情况，但是这个过程也很漫长，气候影响着人的迁徙速度和方向。千里冰封的状态下，迁徙就慢，海平面特别低的时候，去海岛就容易。东亚这边有不少的岛屿，比如台湾和日本。棕色人种来东亚的时候，去日本还不算难。但是等黄种人来到东亚的时候，气温已经回升，日本和大陆之间已经有茫茫大海阻隔了。

日本的阿依努人就是先到此地的棕种人的后代，他们的长相和黄种人有差别。后来大陆上的黄种人技术水平高了，才从朝鲜半岛乘船到达九州，登上了日本列岛。还有一部分棕色人种去了美洲，不过后来还是被新去的黄种人给灭了，最后美洲还剩下很少一点点棕色人种。人口密度小，技术发明不易流传，可能是棕色人种当时的难题，所以老被黄色人种欺负。印第安人和西伯利亚的土著长得很像，算是亲缘关系比较近的了，他们也是黄种人。这批人都是从白令海峡那边过去的，当时大陆可能还连在一起，可以走得过去，等日后海平面上升，就没有这个可能了。

人类内部的竞争都是平常的事，对于其他的动物就更不客气了。到了美洲，北美47个属灭绝了34个属，南美60个属灭绝了50个属。当然人类并没有有意地疯狂血洗，很大程度上是通过改变环境造成的。生态平衡是脆弱的。你把某种动物弄死，很可能其他物种也跟着灭绝。

我们在这里所描绘的人类迁徙的历史，大部分是根据分子人类学总结出来的结果，也有一部分语言学的印证。可能有一些观点会有争议，未来还会被刷新，科学就是如此，所有的结论都会经受一轮又一轮的质疑。特别是生物学这种极其复杂的科学。有一些观点认为，有一支黄种人是从北亚、蒙古高原方向进入我国境内的，他们也是我国汉族的祖先之一。我国还有一派观点，他们认为黄种人是本地独立起源的。这就与分子人类学相矛盾了。到底谁对谁错呢？

在分子生物学参与到人类研究之前，还有另外一门技术，那就是体质人类学。其实就是看人的长相，看人的骨骼。通过化石比对来确定谁跟谁是一伙的，谁是谁的祖宗。化石挖出来，看得见摸得着，这还是比较让人放心。

多中心起源说其实很早就出现了。当年北京猿人的头盖骨被挖出来的时候，魏敦瑞就提出了类似的观点。这个北京猿人长着两颗大板牙，这种大板牙在现在的蒙古人种身上还能看到，很有可能，北京猿人就是现代蒙古人种的祖先。两颗大板牙，学术名词叫作"铲形门齿"。大家有兴趣不妨去照照镜子，微笑一下露出门牙，看看是不是"铲形门齿"。我们中国人大部分都是这种齿型，白人里面只有 8.4%，黑人里面只有 11.6%。

魏敦瑞说的有道理吗？有道理。后来北京猿人头盖骨在抗战期间离奇失踪了，这也是很遗憾的一件事。好在魏敦瑞带了石膏模型去了美国，可算是保留下来不少研究的材料。现在我们看到的北京猿人的头盖骨，那是新中国成立以后考古学家们去周口店挖出来的。

20 世纪 50 年代以后，在世界各地又陆续发现了大量的直立人、早期智人和晚期智人阶段的人类化石，为多中心论的演化模式提供了许多新的证据。依据这些新材料，到了 1969 年，美国人类学家库恩进一步论证了魏敦瑞的学说。他认为，人种早在猿人阶段就已开始分化，并在各自地区自成系统地发展成为现代各人种。其中，澳大利亚人（棕种人）是由爪哇猿人发展而来；蒙古人种（黄种人）是由北京猿人发展而来；高加索人种（白种人）是由欧洲直立人发展而来；刚果人种（黑种人）由毛里坦猿人发展而来。这种学说被称为"系统发生说"，也就是多中心起源说。

我们国家的很多古人类学家都认可这一派的学说。因为我国挖出了很多古人类的化石。要按照模样长相去排队，那就是一个连续进化的图谱啊。你看那个门牙、眉弓，看颧骨和鼻梁那个形状，明显是连续进化逐渐过渡的。你说这个有没有道理呢，当然是有道理的。长得像那是明摆着的事。但是有个麻烦摆在面前，我们现在的人类都是一个物种，相互通婚没问题，生下的孩子也都有生育能力。假如是多中心起源的，因为地理隔离，基因长期不交流，那么显然会逐渐分化成不同的物种，各个不同地域的人之间的差异也会越来越大。可是现在没看到这样的现象，这又该如何解释呢？

于是我国的古人类学家提出了多中心起源附带交流的学说，代表人物是吴新智教授。按照他们的想法，从直立人一直到晚期智人，其实各地的人种相互之间都有基因的交流。虽然离得远，但是人类可以到处溜达到处串种嘛。正因为有基因交流，保证了长久以来，各地的人类并没有分化，还是同一个物种。有没有证据呢？有的，比如水洞沟遗址，已经有3万年历史了，那里挖掘出了不少石器，看着这些石器的外观与我国其他地方出土的石器很不一样，很像是欧洲的石器，那么不由得让人联想到，是不是一支欧洲的原始人来到了银川附近的水洞沟呢？再比如在广西柳江附近发掘出来的柳江人，看着脑袋和现代人有点类似了，脑容量比较大，看似比北京人要聪明。用地层年代分析，是6~7万年前的古人类，最早能上推到20万年前。大约就是在中间的某个年代出现的。柳江人头骨后脑勺上有个发髻状隆起，鼓起一块。这不是欧洲尼安德特人才有的特征吗？难道柳江人跟尼安德特人有联系？按照多中心起源附带基因交流的观点，彼此之间是有基因交流的，柳江人的后脑勺就是基因交流的证据。估计是他们的先辈联系上了尼安德特人，因此后代都遗传下来这种后脑勺的凸起。

到了现在，因为分子生物学大发展，开始用基因技术来研究人类起源的问题。当年魏敦瑞他们显然没地方知道这门技术。但是吴新智他们这一拨人必须面对分子人类学的挑战。他们就必须在分子人类学的研究成果里面挑出点儿毛病来。否则人家不听你的。要知道，分子人类学背后是分子生物学在撑着，分子生物学背后是化学、物理学等一大堆学科在支撑。为什么分子人类学的影响比体质人类学的影响大呢？就是因为背后的学科支撑太雄厚了。

那么分子人类学是怎么干的呢？1987 年，美国加州大学伯克利分校的分子生物学家坎恩等人，选择了现代非洲、欧洲、亚洲、澳大利亚等地 147 位妇女胎盘细胞内线粒体中的 DNA 进行了分析比较，依据已知的线粒体 DNA 的突变速度，计算出其年代为距今 14 万～29 万年，平均为 20 万年。所以坎恩等人提出，所有线粒体 DNA 向前追溯，都能追溯到大约 20 万年前生活在非洲的一位妇女，这位妇女是现今全世界人的祖先。她的一群后裔离开非洲家乡，分散到世界各地，代替了当地的土著居民（猿人或早期智人）。这就是线粒体夏娃的来历。

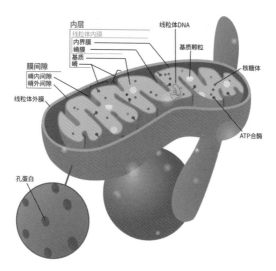

图 93　线粒体构造

线粒体是个很有意思的东西，现在大家怀疑，线粒体其实是个寄生的生物。现代真核细胞都具有线粒体，数量有差异罢了。很可能是原始的真核细胞吞噬了一个细菌，结果这反而达成了相互的协作，这个细菌就是后来的线粒体，它能提供能量。于是大家就世世代代不分家了。细胞分裂复制，线粒体也跟着。父亲的线粒体没法遗传给孩子，只有母亲的线粒体能传给孩子。那么算起来只有女性的线粒体能一代一代传下去，父亲的不行。那么这个线粒体夏娃恰好代代有女儿。与她相同年代的女性很可能后代们之中没有女儿，导致线粒体再也无法流传下来，并不是说那个年代没有其他女性。

这是母系这一边的，那么父系这一边的呢？有夏娃了，那亚当有没有呢？那就靠 Y 染色体了，这东西传男不传女，闺女没有。不过 Y 染色体的研究可比线粒体麻烦多了。线粒体 DNA 的碱基序列长度大概 16.5kb，Y 染色体上可就长太多了，足足有六千万，太吓人了。在 1997 年 10 月 31 日出版的美国《科学》杂志上刊登了一篇题为《Y 染色体显示亚当是一位非洲人》的论文。看来，亚当也在非洲。

真正揭开人类起源史里程碑的，是斯坦福大学 21 学者组成的国际研究队伍，是他们完成了寻找"Y 染色体标记"的工作。在全球范围内，他们采集了几万人的 DNA 样本，而且创立了分析手段和标准。他们的资金很雄厚，这东西没钱是万万不能的。经过各类专家密切的协作，花了 5 年时间，没日没夜地干。2000 年 11 月，这些科学家们最终获得完整的"人类父系谱系图"、人类 DNA 类型的地理分布图及人类由非洲走出的时间路线图。科学家们在人类起源的研究领域，又获得了一次重大的突破。

以复旦大学以金立教授为首，组织了包含中外专家的研究团队。他们在西伯利亚、中国、东亚各地的 163 个代表族群中，抽取了 12127 个男性血液样本，研究结果表明，他们全都是 Y 染色体亚当后裔 M168 标记男子的后裔，没有一个例外。研究结果写成论文，发表在 2001 年 5 月的《科学》上。

这种证据非常硬，吴新智他们要想找出缺陷是非常难的。但是毛病还是有的，首先分子钟是基于中性突变的。非洲那地方热啊，人岁数不大就生孩子了，寒冷地区可能代际差没那么小。同样的时间，非洲人繁殖了更多的代数，他们的突变更多也不奇怪。还有，环境是不是也会影响到突变速度呢？归根到底就是一句话，分子钟不准，因此不靠谱。

后来，德国大名鼎鼎的马克斯·普朗克研究所发现，原来现代人身体里，仍然还有一部分尼安德特人的基因。讲多中心起源附带基因交流的这帮人当然就很开心了，这不就是相互交流的证据嘛。那么到现在为止，双方的争论基本上就变成了到底是外来户干翻了本地人呢？还是本地人干翻了外来户呢？目前来看，对外来户是有利的。假如按照多中心起源附带基因交流这个学说来看，还有几个问题是摆在面前的。

1. 尼安德特人的基因在人类体内很少，只有 1%～4%。这显然是智人祖先干翻了尼安德特人造成的。虽然基因有交流，但是还是晚期智人这个外来户占了主导地位。

2. 要证明智人和本地直立人的后裔曾经共同生活过，起码在时间和空间上要有重合。假如寒冷期一来，直立人的后裔死绝了，在此之后智人再来到本地，显然是碰不上面的。那么基因的交流也就谈不上了。总不能玩儿"罗成戏貂蝉"吧。

3. 在 10 万年前至 4 万年前之间的东亚地区，事实上存在一个化石"断档"期，即这一阶段的人类遗址非常少见。这该怎么解释呢？本土的死绝了，外来户还没到？这种可能性是存在的。当然，坚持多中心起源的人并不认为有这么个空挡。

那哪一种说法是对的呢？其实作为吃瓜群众，我是没有办法判断的。毕竟生物领域是个复杂的领域，作为我个人来讲，我当然喜欢分子人类学的结果。但是这事我说了不算。我当然希望更多的证据被发现，能有一个更加确切的结果。

听一听　　　　听一听　　　　听一听

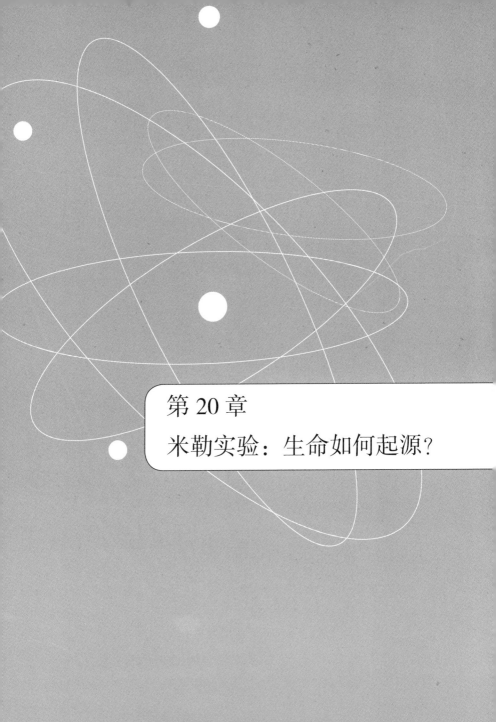

第 20 章

米勒实验：生命如何起源？

分子级别的遗传学现在仍然是非常热门的一个学科。毕竟揭示生命的奥秘是非常有意思的一件事，而且还有很大的实用性。进化论一路走来，经历了很多风雨，特别是近代与新拉马克主义的PK，毕竟两者的进化理论容易被人混淆，但是自20世纪以来，大家逐渐放弃了拉马克主义了。因为正是在分子层面的研究，断了拉马克主义的念想。大家都知道，遗传信息从DNA传递给RNA，再从RNA传递给蛋白质，但是反过来是不行的。因此后天无论如何锻炼，获得的性状都没办法传给后代。毕竟DNA不听你的嘛。

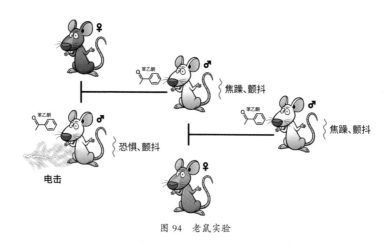

图 94　老鼠实验

不过，2014年1月的《自然神经科学》杂志发表的一篇文章让人们大吃一惊。这篇文章描述了一个有关老鼠的实验。迪亚斯是美国埃默里大学克里·莱斯勒实验室的博士后。他把一种镇静剂——苯乙酮给老鼠闻。这种气味是淡淡的杏仁味，按理说老鼠们并不反对。可是这个迪亚斯"不怀好意"，他一边给雄性老鼠闻这种气味，一边电击老鼠。（所以大家记住，以后远离生物学家。落在他们手里，没几个有好下场。）没几天，老鼠就长记性了，闻见苯乙酮的气味就吓得浑身颤抖，体如筛糠，这是遭了多大罪啊！

这些老鼠都是雄性，它们与另一批普通的母老鼠生下了小老鼠。这些小老鼠从小既没被电击过，也没见到过爹妈，更没闻过苯乙酮的气味，按理说它们根本就不可能知道老爹遭的那个罪。可是奇怪的事情发生了，它们闻见苯乙酮的气味就显得坐立不安，有点神经质。到了二代、三代表现依然如此。祖先遭的那些罪在儿子辈和孙子辈身上有体现。儿孙这一辈明明与苯乙酮没一点关系，他们却依然会对苯乙酮的气味做出反应。难道拉马克的学说又一次"诈尸"了？

要想解答这个问题，那么就必须借用一种比较新的理论，叫作"表观遗传学"。什么叫表观遗传学呢？维基百科上的表达是这样的，表观遗传学研究的是在不改变 DNA 序列的前提下，通过某些机制引起可遗传的基因表达或细胞表现型的变化。要是当年发现 DNA 的那帮人听说还有这么一回事儿，他们估计能哭晕在厕所里。难道还有什么 DNA 以外的遗传物质吗？不错，正是如此。大家不妨深入地想一想，每个人体的细胞里面的遗传物质都一样。每个人都是从一个受精卵慢慢分裂生长出来的。为什么有的细胞长成了心脏细胞，有的长成了脑细胞呢？谁来控制这个过程。必然是有些额外的信息需要被记录在某个地方，在 20 世纪 70 年代，科学家们就已经知道了这一点。

遗传基因的甲基化是很常见的一种情况。一个正常的碱基在甲基化以后就相当于多了个外挂，也就等于在这个基因上贴了个标签，这就是一个额外的信息。甲基化并不能改变基因，但是可以改变基因的表达。因为多了这么个标签，这个基因就发挥不了作用。过去以为这些都是胚胎时期发生的过程。现在发现成人的细胞也一样能被化学修饰。表观遗传学就是研究这些"外挂"的学问。当然，除了甲基化以外还有其他的标记。比如基因组印记，这个东西可以区分基因来自于谁，是来自于父亲还是来自于母亲。现在发现好几种癌症可能与此有关系。还有母体效应、基因沉默……后边还有一大串，非业内人士听得是一头雾水。

我们还是举个通俗的例子来看看这种表观遗传到底起了什么作用。就拿最常见的三花猫来举例子吧。为什么三花猫一般都是母的，公的极为罕见呢？原因就是控制毛色的基因是在 X 染色体上。白色是底色，由另外的基因控制，公猫只有一个 X 染色体，因此只能有一个颜色。母猫有两个 X 染色体，假如一个显性一个隐性，就会呈现黑白黄 3 种颜色，这就是所谓的"玳瑁猫"。

道理讲到这里，好像大家都很好理解。可是邪门的还在后头呢。如今人类已经掌握了克隆技术，于是有人就去克隆猫咪，克隆了一只三花猫。跟着麻烦就来了。克隆出来的当然还是一只三花的母猫。但是花纹图案与被克隆的那一只不同。它俩基因可是一模一样的，怎么会花纹不同呢？

图 95　原版母猫"彩虹"和克隆出来的小猫"CC"毛色花纹是不同的

这是因为花纹的分布不仅仅是 DNA 决定的，表观遗传也起了作用。母猫不是有两条 X 染色体吗？只有一条在起作用，另外一条不管事儿了。两条 X 染色体，到底是哪一条不管用呢，这就不好说了。胚胎细胞分化的时候，受到各种因素的影响。某些部分黄毛 X 染色体起作用，某些部分黑毛 X 染色体起作用。三花猫，身体各个部分，开关在随机切换。小猫长开了以后，身上就黄一块黑一块的，而且有一定的随机性。克隆猫与被克隆的那一只花纹分布不一样也就容易理解了。

再说细一点儿，DNA 通过缠绕在一种叫核小体的蛋白复合物上完成 DNA 的一级组装。这个核小体要是带着各种化学基团修饰，那么雌性动物两条 X 染色体，就会有一条萎缩，这是化学基团修饰决定的。这种修饰有可能后天发生。因此这东西就给遗传带来了不确定性。

我们再来举一个生活中常见的例子。比如说同卵双胞胎，我们认为他们的基因理所应当是一样的。为什么双胞胎长得总有差异呢。虽然很像，但是父母却常常能够毫不费力地分辨出谁是谁。这里面的原因很复杂。大概有如下几个原因：

1. 环境因素，营养不一样，高矮胖瘦当然有区别。这种差异可能娘胎里就已经出现了。

2. 表观遗传，就如同三花猫克隆一样。基因完全相同，长相都还是有偏差的，脾气秉性也有差异。很可能是表观遗传在起作用。科学家们怀疑，表观遗传是引起某些癌症的罪魁祸首，双胞胎就提供了很好的观察对象，天生的对照组。

3. DNA 未必真的全一样。

我们这里讲的表观遗传，虽然带了遗传两个字。但这不是描述父亲爹传儿子那种遗传，其实是基因复制过程中的事儿。那么这种表观遗传能不能传给下一代呢？按理说不行。因为在生殖细胞形成过程中，还有在受精卵向胚胎分化的过程中，有一步大清洗过程。DNA上各种标记都被擦光了。到底是如何那么快地把 DNA 上杂七杂八的标记给擦掉，这还费了科学家们不少劲去研究呢。但是在生物领域话不能说绝，多多少少会有漏网之鱼。于是各种表观遗传信息是有可能遗传给孩子的。清洗的过程也不保证能留下来哪部分，存在不确定性。

不过，医学领域的一些发现很可能与表观遗传有关系。孕妇吸烟的话，会造成 DNA 损坏。其实就是被化学修饰了。研究者们分析了近 900 名新生儿的血样，其中大约三分之一的新生儿的母亲报告说自己在孕期头三个月吸过烟。研究团队对 DNA 上的表观修饰标记甲基进行了检测。研究结果吓人一跳：吸烟者的小孩儿会在 DNA 上出现特有的表观遗传变化。与母亲不吸烟的小孩儿相比，这些小孩儿在超过 100 个基因区域上都发生了变化。在这些受影响的基因中，有的与胚胎发育相关，有的与尼古丁上瘾相关，还有的与戒烟能力相关。

大家都明白吸烟有害健康。不仅仅是自己的健康，还有下一代的健康。孕妇吸烟会造成孩子的 DNA 的化学修饰改变。那孩子可就不仅输在了起跑线上，而是输在了娘胎里。不过，新生儿的甲基化不是不可改变的，这与基因不一样。在新生儿中检测到的表观遗传变化不一定会一直存在。说的是"不一定"，这说明，现在还没定论。引起甲基化因素很多，不仅仅是母亲吸烟。吸二手烟算不算啊？空气污染算不算啊？饮食起居和精神压力也会有影响，反正方方面面马虎不得。

我们还是回到一开始的那个老鼠的实验。这也是表观遗传一个比较典型的实验。只看小老鼠害怕发抖是不够的。实验人员还解剖了老鼠。他们发现它们鼻腔里的 M71 神经纤维球明显要比其他小鼠大一些，导致他们对于苯乙酮的敏感性极高。在这些老鼠的儿孙们身上也看到了这种情况。这是确确实实的生理结构被改变了。

但是要感知杏仁味还需要有一种气味受体，这个气味受体就是由Olfr151基因编码表达的。迪亚斯等人对从试验小鼠中获得的精子样本进行研究，发现每100个精子中大约有86个存在Olfr151基因甲基化修饰的现象，在用另外一种气味进行试验的平行试验组中，每100个精子中大约有95个存在Olfr151基因甲基化修饰的现象。因此可以推论，这种表观遗传恐惧因子通过精子细胞遗传给了下一代。

那么这算不算获得性遗传呢？说实话，这不是拉马克版本的"获得性遗传"。因为从目前来看，表观遗传是不稳定的。很可能传几代就没了。基因的突变可不一样，一旦发生了突变，那么就会一直带着，除非自然选择大过滤器起作用，带有这个基因的个体被全部淘汰。只有能够传递积累才能导致变异从量变积累到质变。可是目前看来，表观遗传积累不到那么显著的程度。

不过，表观遗传属于非孟德尔–摩尔根遗传，两者是互补关系。生物体适应自然不能总是等着基因突变，太慢了。要想立竿见影地出效果，那么表观遗传是个好办法。迅速就能起作用，算是个临时性的应对。所以，生物体应对自然界的变化手段也没那么单一，从这里也体现出了生物的复杂性。

当年，人们打开了这本叫作"基因"的天书的时候，以为找到了一切的根源。好像搞懂了一切基因的排列组合就可以掌握生命的奥秘，其实还差得远呢。生命的奥秘还远远没有揭开。生命是如何产生的，这个问题就绕不过去。进化论只能解释生物产生以后的事儿。从非生命到生命的飞跃却无法描述。但是这又是一个终极的问题，是谁了解了进化论以后都会问出这个问题，生命到底怎么来的？

对于生物的起源，人们很早就在关注。他们大部分相信生物是可以自然发生的。这就是历史悠久的"自然发生说"。古人观察到，一潭水没多久就会出现鱼类。这事儿我在高中的时候也遇到过。一个下雨积水的小坑，居然有鱼在里面游。这些鱼是哪来的？我当时根本搞不懂啊。其实鱼卵的耐受性非常强，附着在泥土里面被风刮来的，或者鞋底沾了泥土，里面有鱼卵也不一定。我们去水塘边玩儿鱼卵就蹭进去了，途径很多。

我们当时搞不懂啊，那古人就更搞不懂了，他们认为生物是可以凭空产生的。腐败的东西上就产生蛆虫蚊蝇。这是常识好不好啊。

但是到了 1688 年，一位意大利宫廷医生，同时也是佛罗伦萨实验科学院成员 F. 雷迪用实验证明了，腐肉生蛆是蝇类产卵的结果，他第一次对自然发生说提出异议。看来这不是自然发生的，是苍蝇产卵导致的。后来显微镜被发明了，大家看到了微生物。于是大家就认为，蚊蝇跳蚤这东西不太可能是自然发生的。微生物想来是可以自然发生的。

1745 年，英国天主教神父、显微镜专家 J.T. 尼达姆想法子用各种液体浸泡并消毒，结果他发现仍然有微生物出现，因此他认为自然发生说是正确的。法国当时著名的博物学家布丰给他点赞啊，还记得布丰吧，我们一开始提到过这个人，那是御花园的大总管啊。有了布丰的支持，尼达姆神父的研究成果就在科学界轰动一时。

1775 年，这一晃 30 年过去了。意大利生理学家 L. 斯帕兰扎尼做了一系列实验，他证明尼达姆神父的实验结果是由于加热不够和封盖不严所造成的。但是还有人反驳，说斯帕兰扎尼烧的时间太长了，空气里的活力都被烧光了。这当然不行，没了活力，微生物自然出不来。

又过了62年，施万觉得不对头，空气加热会把活力弄没了？胡扯吧。他改进了斯帕兰扎尼的实验，把空气加热到非常高的温度，然后冷下来，充进瓶子里，在瓶子里养青蛙。青蛙活得好好的，这说明高温并不影响活力。当时这个活力说是很流行的一种说法。那时候的生物学界和化学界普遍认为生命是神奇的，他们相信有一种神奇的活力。

图96　巴斯德

最后把这事搞定的人是大名鼎鼎的巴斯德。他做了两个瓶子，一个是瓶子开着口子，空气直接能进去。假如空气里有微生物，那么直接掉进去是一点儿问题都没有。另外一个瓶子口很长，而且拐了好几个弯，虽然瓶子的口没封上，跟外界空气是连通的，但是空气里的微生物想进去可就费劲了。

两个瓶子里都灌了肉汤。底下加火直接煮沸，想法子杀死肉汤里所有的微生物。那么假如肉汤腐败了，这些微生物必定是来自于外界的空气。直接敞着口的瓶子没多久就开始腐败变质了，这也好理解，空气里的微生物进去了。那个瓶口弯弯曲曲的瓶子里面的肉汤放了4年都没发生腐败现象。（我在这儿也顺便说一句。现在老是有人说一个东西好多年都不变质一定是防腐剂太多了。其实不一定是这么回事儿。）巴斯德一点防腐剂也没用，也没用什么特别的手段，就可以保持肉汤4年不腐败。

反正，自打巴斯德的研究结果出来，大家都不相信微生物是可以自然发生的。那么生命究竟从何而来呢？当时的化学家们已经感觉到生命也没什么特殊的，也不过就是一般性的化学反应罢了。恩格斯也来掺和一脚，他相信生物必定是因为化学反应而产生的。总有个从无机到有机的过程。

1929年，生物学家阿列克桑德·奥帕瑞和约翰·霍尔丹猜测早期的地球大气层缺少氧气。早年间地球上是没有氧气的。在当时的恶劣的条件下，如果单分子受到紫外线或者闪电等强能量刺激，它们有可能形成复杂的有机物分子，霍尔丹说，那时候的海洋只是这些有机分子的"原生汤"。他们只管挖坑不管埋啊。到了1953年，有人动手做实验了。

1953年，美国化学家哈罗德·尤里和斯坦利·米勒进行了著名的米勒–尤里实验。米勒他们的实验是这么做的：一个大烧瓶，里面放上一部分水。底下要加热，要长时间加热，最好用电炉子，酒精灯烧光了换燃料太麻烦。里面通入三种气体，分别是甲烷、氨气和氢气。模拟的是火山附近的温泉。混合着水蒸气一起进入下一个烧瓶，这个烧瓶里边有两个电极，连续不断地放电，冒着电火花。这就是在模拟电闪雷鸣。这些混合气体流经一段冷却管，模拟的是水蒸气冷凝变成雨，把反应生成的一大堆物质冲进海里。于是留下一堆混合液体，慢

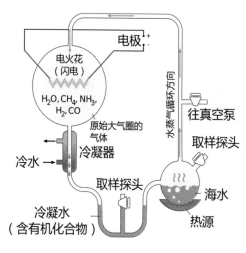

图 97　尤里–米勒实验示意图

慢流回那个用电炉子加热的烧瓶里。然后循环一直持续下去。一个出水口可以放出一点儿水，然后化验一下成分。1953年，他们就是这么搞的。

1953年，恰好和发现DNA的双螺旋结构是同一年。所以大家对这个实验都很关注。折腾了一个礼拜，生成的物质里边乱七八糟的什么都有，很像焦油。有10%~15%的碳以有机化合物的形式存在。慢慢地分离出了20种有机物，其中2%属于氨基酸，以甘氨酸最多。11种氨基酸里边有4种（甘氨酸、丙氨酸、谷氨酸、天冬氨酸）是蛋白质里包含的东西。而糖类、脂质与一些其他可构成核酸的原料也在实验中形成。

这说明什么呢？这说明，从无机物到简单的有机物并不难。但是大家拼命去找DNA和RNA，但是根本找不到。DNA和RNA才是构成生命的基本物质。没了这些东西，那就很难称为"生命"。看来有机物从简单到复杂的过程是个门槛。米勒-尤里实验引起的争议很大，一大串的疑问就摆在了大家面前，主要是三条：

1. 你怎么知道远古时代大气成分的？这都是拍脑瓜子胡猜的嘛。
2. 你是不是密封做得不好，漏气了，导致外界的有机物混进去了？
3. DNA或者RNA这才够得上生命，偏偏没找到。氨基酸还是简单的物质，离生命还有好远好远，还是无法解释生命起源。

这些质疑该如何回应呢？咱们一条一条来说。

1. 远古大气成分是从哪里知道的呢？是从遥远的木星、土星、天王星、海王星那里知道的。太阳大部分是氢，占了71.3%。剩下的是氦，大约占27%。其他所有元素占了2%。这说明太阳系当年大差不差，因为太阳占了太阳系总质量的99.75%。木星大气就相对复杂多了。氢气比例比太阳高一点儿，氦的比例稍低，估计是因为氦都沉积在核心部分。水、甲烷、硫化氢、氨和磷化氢在木星大气里边都有，土星情况也很类似。天王星和海王星的氦含量接近太阳系平均值。甲烷占了 4%，比例很高，因此天王星和海王星看上去是蓝色的。根据它们的情况大概可以推断，太阳系行星的大气层大概也就这些成分了。我们地球也不例外，现在大气的成分是千年万代演化的结果，当初大家差不多的。

2. 密封做得很好，并没有漏气的情况。后来有人分析了米勒实验的那些结果。发现氨基酸都是以两种镜像结构存在的。自然界不存在这样的情况。显然这些氨基酸不是来自于瓶子外部，而是从瓶子里自己产生出来的。

3. 这个是硬伤，原本是可以有啊，现在是真没有。

米勒实验后来进行了很多次，1958 年米勒搞过一次，留下了一堆的实验记录和样品。但是没有发表成果。20 世纪 70 年代，米勒还在搞原始汤的实验。气体加入了硫化氢和二氧化碳，氨气大大减少。这种实验都是为了验证原始汤假说。后来分析他留下的那些原始的样品，发现里面的氨基酸比他当年知道的要多得多。因为现在的检测水平更高了，里面还发现了好几种含硫的氨基酸。

著名的科普达人同时也是科幻作家的卡尔萨根也曾经折腾过类似的实验。他对外星生命很有兴趣。那当然了，搞科幻的天文学家，不喜欢才怪呢。他用紫外线来照射甲烷、氨、水和硫化氢的混合物，最后制成了氨基酸，还检测到三磷酸腺苷（ATP）。看来产生砖头并不困难，难的是用砖头盖房子。

不过根据从岩石中分析出来的信息，远古地球含氢的气体并不多。甲烷、氨气、硫化氢这都是含氢元素的气体。假如只有二氧化碳和氮气，再想搞出氨基酸是很难的。尽管如此，米勒实验还是告诉我们，只要条件足够，产生有机分子不是难事。从外太空的陨石上也发现了氨基酸。那么有一种说法开始流行了，氨基酸这种有机物是不是来自于外太空呢？初始的生命是不是也来自于外太空呢？这个说法看似有道理，毕竟火星那一带比地球先冷下来，先比地球进入宜居状态。但是这话又像没说一样。那么来自太空的生命又是如何产生的？难道是在火星的一个水塘里？在地球和在火星，那不还都是水塘。

也有另外一种意见，没必要和水塘死磕吧。生命是不是可以产生在黏土里呢？黏土就像海绵，把很多物质吸附在里面，是不是可以促进生命物质的诞生呢？你也不能说没道理。原始汤学说是海里的，黏土理论是大陆上的。

后来就出现了各种五花八门的理论，描述生命起源的学说能有十几种之多。还有脂质世界假说、多磷酸盐假说、辅酶世界假说、黄铁矿假说、锌世界假说、多环芳烃世界假说、代谢在先模型、自催化假说、自组织和自复制假说、深部热液生物圈模型、深海喷口假说、热合成世界假说、放射性海滩假说、紫外线和温度辅助的复制模型、水泡假设、多起源假说。大家听得云里雾里，总之假说很多就是了。但是都不能完美地解释如何从简单的有机物发展成复杂的生命，能拿出来做实验的不多。毕竟原始汤假说是可以做实验的。

最近大家都比较关注深海热液，在深海之下，因为火山作用，海底会有高温的热液喷出来，那里没有阳光，也没有氧气。但是热液喷口附近形成了庞大的生物群落，人家在那么恶劣的环境下依然活得好好的。遥想当年，海洋刚形成的时候，海底热液活动的强度是现今强度的 5 倍。海底热液把一大堆金属元素给喷出来了。那个时候的海洋处于强还原环境，富含还原态的铁、铜、锌、铅、锰等金属离子，以及甲烷、氢气和硫化氢等气体，海水的温度维持在70~100℃。由于光合作用还没有出现，大气中几乎没有氧气，二氧化碳的含量很高，因而海洋呈酸性。不难看出，早期海洋所具有的环境与现代海底热液喷口周围的环境非常相似。科学家猜想，正是在早期海洋海底热液喷口周围，生命开始悄悄地萌芽了。

在深海热液喷口附近找到的一些超嗜热古菌，先捞出来测DNA，然后根据分子钟算算这东西有多么古老。进化树总有个根的，那就是共同祖先理论。这些古菌位于进化树的根部。这么古老的物种生活在深海热液附近，这很难不让人联想到什么。难道生命真的诞生在深海热液附近？到底生命诞生在何处，到现在也是个谜。

米勒在2007年因为心肌梗塞去世了。很难说那一锅原始汤真的能告诉我们有关生命起源的奥秘，但是他的这个实验无疑是探索生命起源道路上重要的一步。生命的奥秘到现在还没有完全揭开，我们仍然不知道大自然是如何跨越从非生命到生命这一步的，这一步才是最关键的一步。生命是复杂的，留下了太多的奥秘在等待我们去一一破解，未来的路还长着呢！

听一听　　　听一听